Die „Ergebnisse der Mathematik" erscheinen in einzelnen Heften von 5 bis 7 Bogen Umfang. Je 5 Hefte bilden in der Reihenfolge ihres Erscheinens einen Band.

Die auf der Innenseite der Seitenüberschriften angebrachten *kursiven* Zahlen *[5]* sind die Seitenzahlen des B a n d e s.

Jedes Heft der „Ergebnisse" ist einzeln käuflich. Bei Verpflichtung zum Bezug eines vollständigen Bandes tritt eine 10 % ige Preisermäßigung ein. Die Bezieher des „Zentralblatt für Mathematik" erhalten, sofern sie sich zum Bezug eines ganzen Bandes verpflichten, auf den ermäßigten Bandpreis einen weiteren Nachlaß von 20 %.

Verlagsbuchhandlung Julius Springer.

ERGEBNISSE DER MATHEMATIK
UND IHRER GRENZGEBIETE
HERAUSGEGEBEN VON DER SCHRIFTLEITUNG
DES
„ZENTRALBLATT FÜR MATHEMATIK"
VIERTER BAND

————— 2 —————

GRUPPEN VON LINEAREN TRANSFORMATIONEN

VON

B. L. VAN DER WAERDEN

SPRINGER-VERLAG BERLIN HEIDELBERG GMBH 1935

ISBN 978-3-662-35505-3   ISBN 978-3-662-36333-1 (eBook)
DOI 10.1007/978-3-662-36333-1

Inhaltsverzeichnis.

Seite

I. Lineare Gruppen in beliebigen Körpern 1

§ 1. Lineare Transformationen 1
§ 2. Die allgemeine und die spezielle lineare Gruppe 5
§ 3. Die projektive Gruppe 7
§ 4. Die Komplexgruppe 9
§ 5. Die unitäre Gruppe 11
§ 6. Die orthogonalen Gruppen 14
§ 7. Die Isomorphismen der orthogonalen Gruppen in 3, 4, 5 und 6 Dimen-
      sionen 18
§ 8. Lineare Gruppen im komplexen Zahlkörper. Reduzible und irredu-
      zible, primitive, imprimitive und monomiale Gruppen 28
§ 9. Endliche lineare Gruppen gegebenen Grades 32
§ 10. Unendliche diskrete Gruppen von gebrochen-linearen Transforma-
      tionen, insbesondere diskrete Bewegungsgruppen 35

II. Darstellungen von Ringen und Gruppen 42

§ 11. Darstellungen und Darstellungsmoduln 43
§ 12. Darstellungen hyperkomplexer Systeme. Halbgruppen von linearen
      Transformationen 49
§ 13. Darstellungen endlicher Gruppen 53
§ 14. Beschränkte Darstellungen beliebiger Gruppen 57
§ 15. Spuren und Charaktere 63
§ 16. Das Zerfallen der irreduziblen Darstellungen bei Erweiterung des
      Grundkörpers 68
§ 17. Faktorensysteme 70
§ 18. Ganzzahligkeitseigenschaften. Modulare Darstellungen 73
§ 19. Beziehungen zwischen den Darstellungen einer Gruppe und denen
      ihrer Untergruppen. Imprimitive Darstellungen 75
§ 20. Darstellungen spezieller Gruppen 78
§ 21. Darstellungen von Gruppen durch projektive Transformationen . 84
§ 22. Die rationalen Darstellungen der allgemeinen linearen Gruppe . . 88

I. Lineare Gruppen in beliebigen Körpern.

Die Quelle für die Theorie der linearen Gruppen in endlichen Körpern (Galois-Feldern) ist heute noch das Buch von DICKSON[1]). Später hat DICKSON selbst viele von seinen Ergebnissen auf unendliche Körper übertragen; eine Gesamtdarstellung dieses Gebietes, die zugleich die Beziehungen zur Theorie der kontinuierlichen Gruppen und zur projektiven Geometrie klar hervortreten läßt, steht aber noch aus. Aus diesem Grunde wird der Gegenstand hier unter Berücksichtigung der neueren Arbeiten noch einmal in seinen Grundzügen behandelt, wobei aber für viele Einzelheiten, insbesondere auch für die Beweise der Einfachheit der untersuchten Gruppen, auf das DICKSONsche Buch verwiesen wird. Die Isomorphismen der orthogonalen Gruppen in den singulären Fällen $n = 3, 4, 5, 6$, die einen der reizvollsten Teile des DICKSONschen Buches ausmachen, werden hier unter Hervorhebung ihrer reichhaltigen geometrischen und algebraischen Beziehungen von Grund aus neu hergeleitet.

Die letzten Paragraphen behandeln, die Enzyklopädieberichte von A. WIMAN und R. FRICKE durch Berücksichtigung von neueren Untersuchungen ergänzend, die diskreten Gruppen von linearen Transformationen mit komplexen Zahlenkoeffizienten.

§ 1. Lineare Transformationen[2]).

Unter einem *n-dimensionalen Vektorraum* $E_n(\mathsf{K})$ über einem Körper K versteht man eine additive abelsche Gruppe (deren Elemente *Vektoren* heißen) mit K als Operatorenbereich, die (außer den Axiomen einer abelschen Gruppe) den folgenden Axiomen genügt ($u, v, \ldots$ sind Vektoren, $1, \alpha, \beta, \ldots$ Elemente von K):

1. $(u + v)\alpha = u\alpha + v\alpha$
2. $u(\alpha + \beta) = u\alpha + u\beta$
3. $u(\alpha\beta) \quad = (u\alpha)\beta$
4. $u\,1 \qquad = u$.

---

[1]) L. E. DICKSON: Linear Groups, with an exposition of the Galois Field theory. Leipzig 1901.

[2]) Die im folgenden nötigen Grundbegriffe der linearen Algebra sind in diesem Paragraphen ganz kurz zusammengefaßt. Für eine ausführlichere Darstellung siehe etwa B. L. VAN DER WAERDEN: Moderne Algebra II, Berlin 1931, Kap. 15, oder L. E. DICKSON: Modern algebraic theories. Chicago 1926.

5. Es gibt n „Basisvektoren" $u_1, \ldots, u_n$, derart, daß jeder Vektor v eindeutig als Linearkombination

$$v = \sum_1^n u_\nu \xi_\nu$$

geschrieben werden kann.

Zwei Vektorräume sind dann und nur dann operatorisomorph über K, wenn sie dieselbe Dimension (denselben *linearen Rang*) n haben. Daher kann man einen beliebigen n-dimensionalen Vektorraum als Modell für alle nehmen, indem man einen Vektor etwa als eine Reihe von n Zahlen $\xi_1, \ldots, \xi_n$ oder auch als eine Linearform $\sum u_\nu \xi_\nu$ in n Unbestimmten $u_1, \ldots, u_n$ definiert.

Die zulässigen Untergruppen eines Vektorraumes $\mathfrak{R}$ (in bezug auf K als Operatorenbereich) heißen *lineare Unterräume* oder *Teilräume* von $\mathfrak{R}$. Die echten Teilräume sind wieder Vektorräume von einer Dimension $m < n$. Daraus folgt, daß jede abnehmende oder zunehmende Folge von Teilräumen im Endlichen abbricht.

Die homomorphen Abbildungen eines Vektorraumes $\mathfrak{R}$ in einen Vektorraum $\mathfrak{S}$ heißen *lineare Transformationen* von $\mathfrak{R}$ in $\mathfrak{S}$. Eine lineare Transformation ist also eine solche Abbildung A von $\mathfrak{R}$ in $\mathfrak{S}$, für die gilt

$$\mathsf{A}\,(u + v) = \mathsf{A}\,u + \mathsf{A}\,v$$

$$\mathsf{A}\,(u\,\alpha) \quad = (\mathsf{A}\,u)\,\alpha.$$

Nach Wahl beliebiger Basen $(u_1, \ldots, u_n)$ und $(v_1, \ldots, v_m)$ für $\mathfrak{R}$ und $\mathfrak{S}$ wird eine lineare Transformation A, welche u_k in

$$\mathsf{A}\,u_k = \sum_j v_j\,\alpha_{jk}$$

überführt, durch ihre *Matrix* $A = (\alpha_{jk})$ (j Zeilen-, k Spaltenindex) vollständig gegeben: Sie führt nämlich dann den Vektor $\sum u_k \xi_k$ mit Komponenten ξ_k zwangsläufig über in den Vektor $\sum (\mathsf{A}\,u_k)\,\xi_k = \sum v_j \xi_j'$ mit Komponenten

(1) $$\xi_j' = \sum \alpha_{jk}\,\xi_k.$$

Dem Produkt A B zweier linearer Transformationen entspricht dabei das Produkt AB der Matrizes (vorausgesetzt natürlich, daß das Produkt einen Sinn hat, d. h. daß A gerade auf den Bildraum von B operiert).

Auf Grund der Formel (1) kann man jede lineare Transformation auch als eine *lineare Substitution* der Veränderlichen $\xi_1, \ldots, \xi_n$ auffassen, welche $\xi_1, \ldots, \xi_n$ in $\xi_1', \ldots, \xi_m'$ überführt. Diese Auffassungsweise wird insbesondere dann häufig benutzt, wenn $m = n$, also A eine quadratische Matrix vom *Grade n* (d. h. mit n Reihen und Spalten) ist.

Führt die Transformation A die n Basisvektoren $u_1, \ldots, u_n$ in linear abhängige Basisvektoren über, also den Vektorraum $\mathfrak{R}$ in einen Raum von geringerer Dimension, so heißt die Transformation *singulär*. Eine nichtsinguläre Transformation A bildet $\mathfrak{R}$ eineindeutig auf einen gleichdimensionalen Bildraum ab und besitzt eine Inverse A^{-1}, so daß $A^{-1}A = AA^{-1} = I$ (die Identität) ist.

Die linearen Transformationen eines Vektorraumes $E_n(K)$ in sich (oder ihre Matrices) bilden einen Ring: den *vollen Matrixring vom Grade n über* K. Dieser Ring kann als hyperkomplexes System mit n^2 Basiselementen aufgefaßt werden, für die man z. B. die n^2 „*Matrixeinheiten*" C_{ik} wählen kann, die in der i-ten Zeile und der k-ten Spalte eine Eins, sonst überall Null haben. Diese Matrices C_{ik} genügen den Rechnungsregeln:

$$C_{ik}C_{kl} = C_{il}$$
$$C_{ij}C_{kl} = 0 \text{ für } j \neq k.$$

Das Eins-Element des Ringes ist $I = C_{11} + C_{22} + \cdots + C_{nn}$.

Von nun an betrachten wir nur lineare Transformationen eines Vektorraumes $\mathfrak{R} = E_n(K)$ *in sich* und setzen dabei den Körper K als *kommutativ* voraus.

Unter dem *charakteristischen Polynom* $\chi(t)$ einer quadratischen Matrix A versteht man die Determinante von $tI - A$. Die einzelnen Koeffizienten des charakteristischen Polynoms, insbesondere die *Spur* $S(A) = \sum \alpha_{\nu\nu}$ und die *Norm* oder Determinante $|A|$ sind invariant bei der Transformation TAT^{-1}. Die Nullstellen von $\chi(t)$ in einem passenden Erweiterungskörper von K heißen die *charakteristischen Wurzeln* der Matrix A.

Die Klassifikation der linearen Transformationen mit Hilfe ihrer Elementarteiler gewinnt man am leichtesten, indem man den Vektorraum $\mathfrak{R}$, in dem eine gegebene lineare Transformation A stattfindet, als additive abelsche Gruppe mit dem Polynombereich K[A] als Operatorenbereich auffaßt und den Hauptsatz von der Zerlegung abelscher Gruppen in zyklische anwendet. Ich gebe hier nur die Hauptergebnisse kurz an und verweise für die Begründung auf die Lehrbücher[2]).

Das *Minimalpolynom* von A, d. h. dasjenige Polynom kleinsten Grades $\varphi(t)$, für welches $\varphi(A) = 0$ gilt, ist ein Teiler des charakteristischen Polynoms der Matrix A. Zerfällt $\varphi(t)$ in Faktoren, die Potenzen von Primpolynomen sind,

$$\varphi(t) = \varphi_1(t) \ldots \varphi_s(t), \quad \varphi_k(t) = \pi_k(t)^{r_k},$$

so zerfällt der Raum $\mathfrak{R}$ eindeutig in Teilräume:

$$\mathfrak{R} = \mathfrak{R}_1 + \mathfrak{R}_2 + \cdots + \mathfrak{R}_s$$

(direkte Summe im Sinn der Gruppentheorie), wobei $\mathfrak{R}_k$ von $\varphi_k(A)$ annulliert wird: $\varphi_k(A)\mathfrak{R}_k = 0$. Jeder Raum $\mathfrak{R}_k$ zerfällt weiter in „zyklische" Teilräume $\mathfrak{r}_\nu$, deren jeder von einem Vektor v_ν und dessen Transformierten Av_ν aufgespannt wird. Zu jedem $\mathfrak{r}_\nu$ gehört ein annulierendes Polynom kleinsten Grades $\psi_\nu(t) = \pi_k(t)^{e_\nu}$. Diese Minimalpolynome ψ_ν sind die *Elementarteiler* der Matrix $tI - A$. Ihr Produkt ist das charakteristische Polynom $\chi(t)$.

1*

Jede Matrix A kann durch Transformation TAT^{-1} auf eine Normalform gebracht werden, welche nur von den Elementarteilern abhängt; dabei ist T ebenso wie A eine Matrix mit Koeffizienten aus K. Auf Grund dieser Normalform (oder auf Grund der Überlegungen, die zu ihr führen) kann man die mit einer gegebenen linearen Transformation A vertauschbaren linearen Transformationen aufstellen[3]).

Ein wichtiger Spezialfall der Elementarteilertheorie tritt dann ein, wenn nach Adjunktion der charakteristischen Wurzeln zum Körper K alle Elementarteiler linear werden. In diesem Fall ist die Normalform von A eine Diagonalmatrix, in deren Diagonale die charakteristischen Wurzeln stehen. Dieser Fall tritt insbesondere dann ein, wenn $A^h = I$ und h zur Charakteristik von K teilerfremd ist. Sind mehrere Matrices mit linearen Elementarteilern untereinander vertauschbar, so kann man sie gleichzeitig auf Diagonalform bringen.

Spezialfall: *Im Körper der komplexen oder der algebraischen Zahlen läßt sich jede periodische lineare Transformation und ebenso jede endliche abelsche Gruppe von linearen Transformationen auf Diagonalform transformieren* (mit Einheitswurzeln in der Diagonale).

Eine bisher nur wenig untersuchte Verallgemeinerung der linearen Transformationen, die aber trotzdem an verschiedenen Stellen in der Mathematik eine Rolle spielt, bilden die *halblinearen Transformationen,* die man erhält, indem man die linearen Transformationen mit den Automorphismen des Grundkörpers K kombiniert. Ist S ein solcher Automorphismus, so definieren die Formeln

$$(2) \qquad \xi_i' = \sum \alpha_{ik} \xi_k^S$$

eine halblineare Transformation. Ist insbesondere K der Körper der komplexen Zahlen und S der Übergang zum konjugiert-komplexen, so spricht man von einer *antilinearen Transformation.* Sind A und B halblineare Transformationen, die zu den Automorphismen S und T gehören und im übrigen durch die Matrices A und B gegeben sind, so gehört das Produkt A B zum Automorphismus ST und zur Matrix AB^S, wo B^S aus B durch Ausübung des Automorphismus S auf alle Matrixelemente von B entsteht. Insbesondere ist das Produkt zweier antilinearer Transformationen eine lineare Transformation mit der Matrix $A\overline{B}$.

Eine der Elementarteilertheorie entsprechende Klassifikation der halblinearen oder auch nur speziell der antilinearen Transformationen existiert anscheinend noch nicht. Nur für diejenigen antilinearen Trans-

---

[3]) Eine lange Reihe von Arbeiten verschiedener Autoren, angefangen mit G. Frobenius: J. reine angew. Math. **84** (1878) 1—63, behandelt dieses Thema. Für Literatur siehe C. C. MacDuffee: Theory of Matrices. Ergebn. d. Math. **2**, H. 5 (1933) 93. Ergänzend dazu seien die Arbeiten von O. Schreier und B. L. van der Waerden: Abh. Math. Inst. Hamburg **6** (1928) 308—310 und von K. Shoda: Math. Z. **29** (1929) 696—712 erwähnt.

formationen, deren Quadrat eine Transformation λI ist, kennt man Normalformen, in welche sich alle transformieren lassen[4]).

Der zu einem Vektorraum E_n *duale* Raum besteht aus allen linearen Funktionen eines Vektors (oder seiner Komponenten), deren Werte zum gleichen Körper K gehören. Ist $v = \sum u_\nu \xi_\nu$ ein beliebiger Vektor, so ist

$$l = \sum_1^n \lambda^\nu \xi_\nu$$

eine beliebige lineare Funktion von v. Ein Vektor des dualen Raumes ist also durch n Komponenten $\lambda^1, \ldots, \lambda^n$ gegeben. Eine nichtsinguläre lineare Transformation des gegebenen Vektorraumes in sich induziert zwangsläufig eine lineare Transformation des dualen Raumes, deren Matrix die transponierte Inverse zur Matrix der gegebenen Transformation ist.

Eine nichtsinguläre lineare Transformation des Vektorraumes E_n in den dualen Raum heißt eine *Dualität*. Sie ist durch die Formeln

$$(3) \qquad '\lambda^i = \sum \delta^{ik} \xi_k$$

gegeben. Mit einer solchen Transformation des Raumes E_n in den dualen Raum ist zwangsläufig eine Transformation des dualen Raumes in den ursprünglichen R_n verknüpft, deren Matrix wieder die transponierte Inverse zur Matrix (δ^{ik}) der gegebenen Dualität ist. Wir werden diese beiden zusammengehörigen Transformationen zusammen als *eine* Dualität bezeichnen. Man kann jetzt Dualitäten und lineare Transformationen, die dann ebenfalls mit ihren im dualen Raum induzierten linearen Transformationen zusammengenommen werden müssen, beliebig miteinander multiplizieren. Zusammensetzung zweier Dualitäten z. B. ergibt eine lineare Transformation von E_n in sich.

Setzt man die Dualitäten noch mit den Automorphismen S des Grundkörpers K zusammen, so erhält man Dualitäten im weiteren Sinn:

$$(4) \qquad '\lambda^i = \sum \delta^{ik} \xi_k^S.$$

Die nichtsingulären halblinearen Transformationen und die Dualitäten im weiteren Sinn bilden zusammen eine Gruppe.

§ 2. Die allgemeine und die spezielle lineare Gruppe.

Die nichtsingulären linearen Transformationen des Vektorraumes $E_n(\mathsf{K})$ in sich bilden eine Gruppe: die *allgemeine lineare Gruppe* $GL(n, \mathsf{K})$[5]). Setzen wir, wie immer im folgenden, den Körper K als kommutativ

---

[4]) E. JACOBSTHAL: S.-B. Berl. math. Ges. **33** (1934) 15—34.

[5]) Die Bezeichnungsweise lehnt sich an die der amerikanischen Schule (vgl. DICKSON: Linear Groups. Leipzig 1901) an; jedoch wurden einige Bezeichnungen vereinfacht und andere systematischer gestaltet; so schreiben wir GL statt GLH (= general linear homogeneous) und SL statt SLH.

voraus, so bilden die Transformationen mit Determinante Eins eine Untergruppe: die *spezielle lineare Gruppe* $SL(n, \mathsf{K})$. Für $n > 1$ ist $SL(n, \mathsf{K})$ die Kommutatorgruppe von $GL(n, \mathsf{K})$, ausgenommen in dem einen Fall $n = 2$, $\mathsf{K} = GF(2)$[6]. Die Gruppe $SL(n, \mathsf{K})$ wird erzeugt durch die Transformationen

$$B_{r,s,\lambda}: \begin{cases} \xi_r' = \xi_r + \lambda \xi_s \\ \xi_\nu' = \xi_\nu \qquad \text{für } \nu \neq r. \end{cases}$$

Um $GL(n, \mathsf{K})$ zu erzeugen, muß man noch die Transformationen

$$\begin{cases} \xi_1' = \lambda \xi_1 \qquad (\lambda \neq 0) \\ \xi_\nu' = \xi_\nu \quad \text{für } \nu \neq 1 \end{cases}$$

hinzunehmen. Die definierenden Relationen der Gruppen $SL(n, \mathsf{K})$ hat L. E. DICKSON[7]) aufgestellt.

Das Zentrum von $GL(n, \mathsf{K})$ besteht aus den Transformationen λI, wo I die Identität ist. Das Zentrum von $SL(n, \mathsf{K})$ besteht aus den Transformationen λI, wo λ eine n-te Einheitswurzel ist. Die Faktorgruppe von $SL(n, \mathsf{K})$ nach dem Zentrum werden wir in § 3 ausführlich besprechen.

Die in § 1 besprochene Klassifikation der linearen Transformationen nach ihren Elementarteilern liefert gleichzeitig die Einteilung der Elemente der Gruppe $GL(n, \mathsf{K})$ in Klassen konjugierter.

Ist K ein endlicher Körper $GF(q)$, $q = p^m$, so sind $GL(n, \mathsf{K})$ und $SL(n, \mathsf{K})$ endliche Gruppen der Ordnungen

$$(q^n - 1)(q^n - q) \cdots (q^n - q^{n-1}) \qquad [q = p^m]$$

bzw.

$$(q^n - 1)(q^n - q) \cdots (q^n - q^{n-2}) q^{n-1}.$$

Diese Gruppen werden auch mit $GL(n, p^m)$ bzw. $SL(n, p^m)$ bezeichnet. Die Gruppe $SL(2, p)$ ist die „binäre Kongruenzgruppe" nach dem Primzahlmodul p.

Die Untergruppen von $SL(2, p^m)$ hat L. E. DICKSON[8]) bestimmt. Die maximalen auflösbaren Untergruppen der Gruppen $GL(n, p)$ behandeln C. JORDAN[9]) und G. BUCHT[10]). Andere wichtige Untergruppen werden wir in §§ 4—6 kennenlernen. Für den Fall des Körpers der komplexen Zahlen s. auch §§ 7 und 8.

Erweiterungen der Gruppe $GL(n, \mathsf{K})$ erhält man durch Hinzunahme der halblinearen Transformationen bzw. der Dualitäten (vgl. § 1).

---

[6]) $GF(q)$ bezeichnet hier und im folgenden immer ein Galois-Feld mit q-Elementen. Vgl. B. L. VAN DER WAERDEN: Moderne Algebra I, § 31.

[7]) L. E. DICKSON: Bull. Amer. math. Soc. (2) **13** (1907) 386—389 — Quart. J. Math. **38** (1907) 141—145.

[8]) L. E. DICKSON: Amer. J. Math. **33** (1911) 175—192.

[9]) C. JORDAN: J. de Math. (7) **3** (1917) 263—374.

[10]) G. BUCHT: Ark. Mat. Astron. Fys. **11** (1917) Nr 26.

§ 3. Die projektive Gruppe.

Die Gesamtheit aller vom Anfangspunkt ausgehenden Strahlen oder eindimensionalen Teilräume des Vektorraumes $E_n(\mathsf{K})$ heißt bekanntlich der *projektive Raum* $P_{n-1}(\mathsf{K})$. Die nichtsingulären linearen Transformationen des E_n in sich induzieren *projektive Transformationen* des $P_{n-1}(\mathsf{K})$. Dabei ergeben die linearen Transformationen A und $\lambda\,\mathsf{A}$, wo λ eine Zahl ist, immer dieselbe projektive Transformation.

Die Gesamtheit aller projektiven Transformationen des $P_{n-1}(\mathsf{K})$ heißt die *n-äre projektive Gruppe $PGL(n,\mathsf{K})$*[11].

Sie ist isomorph der Faktorgruppe der $GL(n,\mathsf{K})$ nach der Untergruppe der λI (dem Zentrum). Ebenso heißt die Faktorgruppe der $SL(n,\mathsf{K})$ nach ihrem Zentrum die *spezielle projektive Gruppe $PSL(n,\mathsf{K})$*[12].

Im Fall eines endlichen Körpers $GF(q)$ mit $q = p^m$ Elementen ist $PSL(n,\mathsf{K}) = PSL(n,q)$ eine endliche Gruppe der Ordnung

$$\frac{(q^n - 1)(q^n - q)\ldots(q^n - q^{n-1})}{d\,(q-1)}\,,$$

wo d die Anzahl der n-ten Einheitswurzeln in K bedeutet: $d = (n, q - 1)$. Da der projektive Raum in diesem Fall $\dfrac{q^n - 1}{q - 1}$ Punkte enthält, sind $PGL(n,q)$ und $PSL(n,q)$ Permutationsgruppen der Grade $\dfrac{q^n - 1}{q - 1}$. Im Fall $n = 2$ handelt es sich insbesondere um Permutationsgruppen vom Grad $q + 1$ und von der Ordnung $\dfrac{(q^2 - 1)\,q}{d}$. Für $q = 2$ ist $PSL(2,q)$ die symmetrische Gruppe $\mathfrak{S}_3$, für $q = 3, 4$ die alternierende Gruppe $\mathfrak{A}_4$ bzw. $\mathfrak{A}_5$. In den beiden Fällen $q = 2, 3$ ist also $PSL(2,q)$ keine einfache Gruppe. Nun gilt aber der Satz:

Ist K ein Körper von einer Charakteristik $\neq 2$ oder ein vollkommener Körper[12a]*, und $n > 1$, so ist die Gruppe $PSL(n,\mathsf{K})$ eine einfache Gruppe, außer in den eben erwähnten niedrigsten Fällen $PSL(2,2)$ und $PSL(2,3)$.*

Für den Beweis siehe L. E. Dickson: Linear Groups (Leipzig 1901), § 104—105[13].

Für $\mathsf{K} = GF(p^r)$ gewinnt man auf Grund dieses Satzes ein wichtiges unendliches System von endlichen einfachen Gruppen. Die kleinsten

---

[11] PGL = Projektiv generell linear.

[12] PSL = Projektiv speziell linear. Die amerikanische Schule schreibt LF = Linear fractional. Wir haben es vorgezogen, ganz systematisch überall den Übergang von einer linearen Gruppe zur Faktorgruppe nach den in ihr enthaltenen Substitutionen λI durch ein vorgesetztes P kenntlich zu machen (P = projektiv).

[12a] Für diese Begriffe siehe E. Steinitz: J. reine angew. Math. **137** (1910) 181 und 218 oder van der Waerden[6], § 25 und § 33.

[13] Um den Beweis auch für den Fall unendlicher Körper gültig zu machen, muß man auf S. 97 des Dicksonschen Buches oben $\tau_1^2 + \tau_2^2$ durch $\tau_1^2 - \tau_2^2$ ersetzen [vgl. L. E. Dickson: Trans. Amer. math. Soc. **2** (1901) 368].

unter ihnen sind die bekannten einfachen Gruppen $PSL(2, 4) \cong PSL(2, 5)$ und $PSL(2, 7) \cong PSL(3, 2)$ der Ordnungen 60 und 168.

Die Untergruppen der Gruppe $PSL(2, q)$ haben E. H. MOORE und A. WIMAN[14]) aufgezählt. Die endlichen Untergruppen von $PSL(2, K)$ bei beliebigem Grundkörper K hat H. H. MITCHELL[15]) mit einer überraschend einfachen Methode bestimmt. Dabei erhält er natürlich als Spezialfälle die Ergebnisse von MOORE und WIMAN wieder, sowie für K = Körper der komplexen Zahlen einen bekannten Satz von KLEIN (vgl. § 8). In derselben Arbeit bestimmt MITCHELL die endlichen Untergruppen der Gruppe $PSL(3, K)$ für alle Körper mit Charakteristik $\neq 2$. Die Untergruppen von $PSL(3, 2^n)$ hat R. W. HARTLEY[16]) bestimmt. Über die Untergruppen von $PSL(4, K)$ siehe H. H. MITCHELL[17]) sowie die dort angegebene Literatur. Für den Fall des Körpers der komplexen Zahlen siehe auch § 8.

Aus der Liste der Untergruppen von $PSL(2, q)$ entnimmt man die Richtigkeit der von GALOIS zuerst ohne Beweis ausgesprochenen Behauptung, daß die Gruppe $PSL(2, q)$ keine Untergruppe von kleinerem Index als $q + 1$ enthält, also auch nicht als Permutationsgruppe von weniger als $q + 1$ Objekten dargestellt werden kann, außer in den Fällen $q = 2, 3, 5, 7, 9, 11$, wo es Untergruppen vom Index 2, 3, 5, 7, 6, 11 gibt. Die zugehörigen Darstellungen als Permutationsgruppen von nur q Elementen sind nur in den Fällen $q = 2, 3$ nicht 1-isomorph. Für $q = 5$ und $q = 9$ handelt es sich um die Darstellungen der Gruppen $PSL(2, q)$ als alternierende Gruppe von 5 bzw. 6 Objekten:

$$(1) \qquad PSL(2, 5) \cong PSL(2, 4) = \mathfrak{A}_5$$

$$(2) \qquad PSL(2, 9) \cong \mathfrak{A}_6,$$

für $q = 7$ um eine Darstellung der bekannten einfachen Gruppe der Ordnung 168 als Permutationsgruppe der 7 Punkte einer projektiven Ebene:

$$(3) \qquad PSL(2, 7) \cong PSL(3, 2).$$

Systeme von definierenden Relationen der Gruppen $PSL(n, q)$ haben L. E. DICKSON[18]) und W. H. BUSSEY[19]) aufgestellt. Im Spezialfall der

---

[14]) E. H. MOORE: Chicago decennial publ. **9** (1904) 141—190. — A. WIMAN: Handl. Svenska Vet.-Akad. **25** (1899) 1—47. Der für die Theorie der Modulsubstitutionen wichtige Spezialfall $q = p$ (Primzahl) wurde schon vorher von GIERSTER: Math. Ann. **18** (1881) 319—325 erledigt.

[15]) H. H. MITCHELL: Trans. Amer. math. Soc. **12** (1911) 208—211.

[16]) R. W. HARTLEY: Ann. of Math. **27** (1925) 140—158.

[17]) H. H. MITCHELL: Trans. Amer. math. Soc. **14** (1913) 123—142.

[18]) L. E. DICKSON: Linear Groups. Leipzig 1901. § 278 — Proc. London math. Soc. **35** (1903) 292—305, 306—319 u. 443—454.

[19]) W. H. BUSSEY: Proc. London math. Soc. (2) **3** (1915) 296—315.

Modulargruppe $PSL(2, p)$, wo p eine ungerade Primzahl ist, lauten die Relationen nach BUSSEY einfach so[20]):

$$S^p = T^2 = (ST)^3 = 1,$$
$$(S^\tau TS^\sigma T)^2 = 1 \text{ für } \sigma\tau \equiv 2 \ (\mathrm{mod}\,p).$$

Die projektiven Transformationen sind nicht, wie man häufig meint, die einzigen Transformationen des projektiven Raumes in sich, welche Punkte in Punkte, Geraden in Geraden, Ebenen in Ebenen usw. transformieren. Sie sind wohl die einzigen, welche außerdem die Doppelverhältnisse von vier Punkten invariant lassen. Es gibt aber daneben noch solche Transformationen, welche die Doppelverhältnisse einem Automorphismus des Körpers K unterwerfen[20a]). Man erhält sie, indem man auf die Koordinaten ξ eine halblineare Transformation (§ 1, Formel 2) anwendet. Die so erhaltenen Transformationen des projektiven Raumes in sich wollen wir *Kollineationen* nennen. Ihnen zur Seite stehen die *Korrelationen*, welche Punkte in Hyperebenen überführen und welche durch die Dualitäten im weiteren Sinn (§ 1, Formel 4) induziert werden. In solchen Körpern, welche, wie der der reellen Zahlen, keine Automorphismen außer dem identischen besitzen, ist natürlich jede Kollineation eine projektive Transformation.

Die Kollineationen und Korrelationen bilden zusammen eine Gruppe. Diese Gruppe ist nach SCHREIER und V. D. WAERDEN[21]) zugleich die Automorphismengruppe der speziellen projektiven Gruppe $PSL(n, K)$. Das heißt: Jeder Automorphismus der Gruppe $PSL(n, K)$ hat die Form

$$X \to CXC^{-1},$$

wo C eine Kollineation oder Korrelation ist. Bei derselben Untersuchung ergab sich außerdem, daß die verschiedenen $PSL(n, K)$ untereinander keine anderen Isomorphismen aufweisen als die in (1) und (3) hingeschriebenen, und weiter, daß nur die folgenden unter den Gruppen PSL mit alternierenden Gruppen $\mathfrak{A}_n$ isomorph sind:

$$PSL(2, 3) \cong \mathfrak{A}_4, \qquad\qquad PSL(2, 9) \cong \mathfrak{A}_6$$
$$PSL(2, 5) \cong PSL(2, 4) \cong \mathfrak{A}_5, \qquad\qquad PSL(4, 2) \cong \mathfrak{A}_8.$$

Insbesondere sind die beiden einfachen Gruppen $PSL(4, 2)$ und $PSL(3, 4)$ der Ordnung $\frac{1}{2} \cdot 8!$ nicht untereinander isomorph[22]).

§ 4. Die Komplexgruppe.

Die Gruppe aller linearer Substitutionen der Variablen $\xi_1, \ldots, \xi_n$ mit Koeffizienten aus K, welche, auf zwei kogrediente (d. h. gleich-

---

20) Vgl. dazu auch H. FRASCH: Math. Ann. **108** (1933) 249—252. Andere Relationen gab J. A. TODD: J. London Math. Soc. **7** (1932) 195—200.

20a) Vgl. F. LEVI: Geometrische Konfigurationen 1929, § 7.

21) Abh. Math. Sem. Hamburg **6** (1928) 303—322.

22) Vgl. auch J. M. SCHOTTENFELS: Bull. Amer. Math. Soc. (2) **8** (1902) 25—26.

transformierte) Variablenreihen ξ, η ausgeführt, eine alternierende Form

$$(1) \qquad \varphi = \sum_{1}^{m} (\xi_{2i-1}\,\eta_{2i} - \xi_{2i}\,\eta_{2i-1})$$

invariant lassen, heißt die *Komplexgruppe* $C(2m, \mathsf{K})$[23]. Sie wird auch nach ABEL, der sie zuerst untersuchte, die ABELsche *lineare Gruppe* genannt, eine Bezeichnung, die wir aber vermeiden möchten, weil die Gruppe keineswegs abelsch ist. Die Beschränkung auf die spezielle Form (1) ist keine wesentliche Einschränkung, denn jede alternierende Bilinearform $\varphi = \sum \varepsilon_{ik}\,\xi_i\,\eta_k$ mit Determinante $|\varepsilon_{ik}| \neq 0$ läßt sich auf die Gestalt (1) transformieren.

Offenbar ist für $m = 1$:

$$C(2, \mathsf{K}) = SL(2, \mathsf{K}).$$

Für $m \neq 1$ wird $C(2m, \mathsf{K})$ erzeugt durch die Transformationen

$$\mathsf{M}_i: \quad \xi'_{2i+1} = \xi_{2i}, \quad \xi'_{2i} = -\xi_{2i-1}, \quad \text{übrige} \quad \xi'_k = \xi_k$$

$$\Lambda_{i,\lambda}: \quad \xi'_{2i-1} = \xi_{2i-1} + \lambda\,\xi_{2i}, \quad \text{übrige} \quad \xi'_k = \xi_k$$

$$\mathsf{N}_{ij,\lambda}: \begin{cases} \xi'_{2i-1} = \xi_{2i-1} + \lambda\,\xi_{2j} \\ \xi'_{2j-1} = \xi_{2j+1} + \lambda\,\xi_{2i} \end{cases}, \quad \text{übrige} \quad \xi'_k = \xi_k.$$

Alle Transformationen von $C(2m, \mathsf{K})$ haben daher die Determinante 1. Das folgt übrigens auch aus der Tatsache, daß die Form (1) eine relative Invariante besitzt, welche bei linearen Transformationen mit Determinante Δ den Faktor Δ annimmt[24], andererseits aber absolut invariant bleibt, wenn die Form selbst absolut invariant bleibt.

Ist K ein endlicher Körper $GF(q)$, so ist die Ordnung von $C(2m, \mathsf{K})$ $= C(2m, q)$ gleich

$$(q^{2m} - 1)\,q^{2m-1}\,(q^{2m-2} - 1)\,q^{2m-3} \ldots (q^2 - 1)\,q.$$

Im Fall $q = p$ tritt die Gruppe $C(2m, p)$ als GALOISsche Gruppe der Gleichung der p-Teilung der Perioden hyperelliptischer Funktionen auf[25].

Das Zentrum von $C(2m, \mathsf{K})$ besteht aus den Transformationen I und $-I$. Hat K die Charakteristik 2, so ist $I = -I$, d. h. das Zentrum besteht aus I allein. Die Faktorgruppe nach dem Zentrum wird mit $PC(2m, \mathsf{K})$ bezeichnet[23].

Ist K ein Körper von einer Charakteristik $\neq 2$ oder ein vollkommener Körper, so ist $PC(2m, \mathsf{K})$ eine einfache Gruppe, ausgenommen in den beiden

---

[23]) In der amerikanischen Literatur werden die Gruppen C und PC mit SA (Special Abelian) und A (Abelian) bezeichnet.

[24]) Setzt man $\varphi = \sum \varepsilon_{ik}\,\xi_i\,\eta_k$, so ist $I = \sum \varepsilon_{i_1 i_2}\,\varepsilon_{i_3 i_4} \ldots \varepsilon_{i_{n-1} i_n}$ sign. $(i_1 i_2 \ldots i_n)$ die erwähnte Invariante.

[25]) Siehe C. JORDAN: Traité des Substitutions. Paris 1870, 171—168 u. 354—369.

schon in § 3 erwähnten Ausnahmefällen $PC(2, 2)$ *und* $PC(2, 3)$ *und in einem neuen Ausnahmefall* $PC(4, 2) \cong \mathfrak{S}_6$.

Für den Beweis siehe L. E. DICKSON, Linear Groups, § 110—116, oder J.-A. DE SÉGUIER, J. Math. pures appl. (7) **2** (1916) 281—366. Die kleinste neue einfache Gruppe, die in dem unendlichen System der Gruppen $PC(2m, q)$ enthalten ist, ist die Gruppe $PC(4, 3)$ der Ordnung 25920, die beim Problem der 27 Geraden auf der kubischen Fläche als GALOISsche Gruppe auftritt und als solche Gegenstand einer ausgedehnten Literatur ist[26]).

Die Klassen konjugierter Elemente in den Gruppen $C(4, q)$ und $C(6, q)$ hat L. E. DICKSON[27]) aufgestellt. Über die Untergruppen der Gruppen C und PC siehe L. AUTONNE[28]), H. H. MITCHELL[29]) und C. JORDAN[30]) sowie die dort angegebene Literatur. Die Elemente der Ordnung 2 in diesen und den in den folgenden Paragraphen zu besprechenden endlichen Gruppen hat J.-A. DE SÉGUIER[31]) untersucht.

Die Invariantentheorie und Darstellungstheorie der Komplexgruppe hat vor allem H. WEYL[32]) untersucht.

§ 5. Die unitäre Gruppe.

Es sei K ein Körper vom Grad 2 über einem Unterkörper P (z. B. $K = GF(p^{2s})$, $P = GF(p^s)$, oder auch: K der Körper der komplexen, P der der reellen Zahlen). Es bedeute $\bar{\alpha}$ stets die zu α konjugierte Größe in bezug auf P. (Im Fall $GF(p^s)$ kann man $\bar{\alpha} = \alpha^{p^s}$ setzen.) Die Gruppe aller linearen Transformationen des Raumes $E_n(K)$, welche die Form

$$\Phi = \bar{\xi}_1 \xi_1 + \bar{\xi}_2 \xi_2 + \cdots + \bar{\xi}_n \xi_n$$

invariant lassen, heißt die *unitäre* oder *hyperorthogonale* Gruppe $U(n, P, K)$ Die Untergruppe der Transformationen von der Determinante Eins in $U(n, P, K)$ heißt die *spezielle unitäre Gruppe* $SU(n, P, K)$. Die Faktorgruppe von SU nach der Untergruppe der Substitutionen $\lambda I (\lambda^n = 1, \lambda \bar{\lambda} = 1)$ wird wieder mit $PSU(m, P, K)$ bezeichnet[33]).

---

[26]) Siehe MILLER, BLICHFELDT u. DICKSON: Finite Groups. New York 1916, Ch. XIX, sowie die dort angeführte Literatur.

[27]) L. E. DICKSON: Trans. Amer. Math. Soc. **2** (1901) 103—138 — Amer. J. Math. **26** (1904) 243—318.

[28]) L. AUTONNE: J. Math. pures appl (5) **7** (1901) 351—394.

[29]) H. H. MITCHELL: Trans. Amer. Math. Soc. **15** (1914) 379—396.

[30]) C. JORDAN: J. de Math. (7) **3** (1917) 263—374.

[31]) J.-A. DE SÉGUIER: Ann. École norm. (3) **50** (1933) 217—243; (3) **51** (1934) 79—147.

[32]) H. WEYL: Math. Z. **23** (1925) 271—309 und **24** (1925) 328—395; Nachr. Ges. Wiss. Göttingen **1926**, 235—243; Acta math. **48** (1926) 255—278: Math. Z. **35** (1932) 300—320.

[33]) In der amerikanischen Literatur wird die Gruppe PSU mit HO (Hyper-Orthogonal) bezeichnet.

Falls der Unterkörper P durch K eindeutig bestimmt wird [wie im Fall eines Galois-Feldes: $K = GF(p^{2s})$, $P = GF(p^s)$], kann man das Symbol P in der Klammer weglassen und schreiben

$$U(n, K), \quad SU(n, K), \quad PSU(n, K)$$

oder im Fall $K = GF(p^{2s})$:

$$U(n, p^{2s}), \quad SU(n, p^{2s}), \quad PSU(n, p^{2s}).$$

Im letzteren Fall kann man für die Form Φ auch schreiben

$$\Phi = \xi_1^{p^s+1} + \xi_2^{p^s+1} + \cdots + \xi_n^{p^s+1}.$$

Die Bedingung dafür, daß eine lineare Transformation A mit der Matrix A zur Gruppe U gehört, heißt

$$(1) \qquad AA^\dagger = I \quad \text{oder} \quad A^\dagger = A^{-1} \quad \text{oder} \quad A^\dagger A = I,$$

wo $A^\dagger$ die transponierte konjugierte Matrix zu A ist. Ausgeschrieben heißt das

$$\sum_i \alpha_{ji}\,\bar{\alpha}_{ki} = \delta_{jk} \quad \text{oder} \quad \sum_i \bar{\alpha}_{ij}\,\alpha_{ik} = \delta_{jk}.$$

Ist die Determinante von $I + A$ von Null verschieden und die Charakteristik des Körpers $\neq 2$, so kann man zu A eine Matrix

$$(2) \qquad C = (I - A)(I + A)^{-1}$$

definieren und umgekehrt A durch C ausdrücken:

$$(3) \qquad A = (I + C)^{-1}(I - C).$$

Aus (1) und (2) folgt dann leicht

$$(4) \qquad C = -C^\dagger;$$

umgekehrt folgt (1) aus (3) und (4). Wir haben also eine eineindeutige Beziehung zwischen den unitären Matrices A und den „schief-hermiteschen" Matrices C, von welcher nur diejenigen A, für die $|I + A| = 0$, sowie diejenigen C, für die $|I + C| = 0$ ist, ausgenommen sind[34]). Der Ausnahmefall läßt sich nach A. Loewy[35]) vermeiden, indem man statt (3) schreibt

$$A = \zeta(I + C)^{-1}(I - C), \quad \zeta\bar{\zeta} = 1.$$

Im Fall des Körpers der komplexen Zahlen ist jede unitäre Matrix A unitär-äquivalent einer Diagonalmatrix $D = UAU^{-1}$. Die Diagonalelemente sind die charakteristischen Wurzeln von A und haben den Betrag Eins. Die Äquivalenz gilt sogar innerhalb der speziellen unitären Gruppe[36]).

---

[34]) A. Loewy: C. R. Acad. Sci., Paris **123** (1896) 171.

[35]) A. Loewy: Nova Acta. Abh. Kaiserl. Leop.-Carol. Acad. **71** (1898) 379 bis 446. Math. Ann. **50** (1898) 557—576.

[36]) O. Toeplitz: Math. Z. **2** (1918) 187—197.

Die Ordnung der Gruppe $PSU(n, p^{2s})$ ist[37]

$$\frac{1}{d}(q^n - (-1)^n)\, q^{n-1}(q^{n-1} - (-1)^{n-1})\, q^{n-2} \dots (q^2 - 1)\, q$$

$$[q = p^s;\ d = (n, q + 1)].$$

Wenn der Körper K eine Zahl ϱ mit der Eigenschaft $\varrho\bar{\varrho} = -1$ sowie eine Zahl σ mit den Eigenschaften $\sigma\bar{\sigma} = 1$, $\sigma \neq \bar{\sigma}$ enthält (beide Voraussetzungen sind im Fall $K = GF(p^{2s})$ automatisch erfüllt), so kann man die Summe $\xi_1\bar{\xi}_1 + \xi_2\bar{\xi}_2$ durch die Substitution

$$\xi_1 = \sigma\eta_1 + \eta_2$$
$$\xi_2 = \varrho\,(\bar{\sigma}\eta_1 + \eta_2)$$

in

$$\xi_1\bar{\xi}_1 + \xi_2\bar{\xi}_2 = (\sigma - \bar{\sigma})\,(\eta_1\bar{\eta}_2 - \eta_2\bar{\eta}_1)$$

transformieren. Unter diesen Voraussetzungen ist also die unitäre Gruppe $U(2m, \mathsf{P}, \mathsf{K})$ isomorph zur *hyperabelschen Gruppe* $H(2m, \mathsf{P}, \mathsf{K})$, welche die Form

$$\Psi = (\xi_1\bar{\xi}_2 - \xi_2\bar{\xi}_1) + \dots + (\xi_{2m-1}\bar{\xi}_{2m} - \xi_{2m}\bar{\xi}_{2m-1})$$

invariant läßt. Bei dieser Isomorphie entspricht der Untergruppe $SU(2m, \mathsf{P}, \mathsf{K})$ die spezielle hyperabelsche Gruppe[38] $SH(2m, \mathsf{P}, \mathsf{K})$ und der Faktorgruppe PSU die projektive hyperabelsche Gruppe $PSH(2m, \mathsf{P}, \mathsf{K})$.

Die *Einfachheit der Gruppen* $PSH(2m, \mathsf{P}, \mathsf{K})$ für $m > 1$ wurde von L. E. Dickson[39] für beliebige Körper der Charakteristik $\neq 2$ sowie für endliche Körper beliebiger Charakteristik bewiesen; letzteres durch Zurückführung auf $PSU(2m, p^{2s})$. *Die Gruppe* $PSU(n, p^{2s})$ *ist nämlich für* $n > 2$ *immer einfach*[40]), *ausgenommen im Fall* $PSU(3, 2^2)$, *wo es sich um eine auflösbare Gruppe der Ordnung* 72 *handelt*. Der eben außer Betracht gelassene Fall $n = 2$ ist aber, wenn man auf die isomorphe Gruppe $PSH(2, \mathsf{P}, \mathsf{K})$ übergeht, trivial, denn die Invarianz von

$$\Psi = \xi_1\bar{\xi}_2 - \xi_2\bar{\xi}_1$$

bei einer Substitution von der Determinante Eins bedeutet, daß $\bar{\xi}_1$, $\bar{\xi}_2$ genau so wie ξ_1, ξ_2 transformiert werden oder daß die Transformation (α_{ik}) mit der konjugierten $(\bar{\alpha}_{ik})$ identisch ist, also dem Körper P angehört. Somit ist $SH(2, \mathsf{P}, \mathsf{K}) = SL(2, \mathsf{P})$ und $PSH(2, \mathsf{P}, \mathsf{K}) = PSL(2, \mathsf{P})$.

An dieser Stelle möge noch auf die von Dickson[41] gefundene Isomorphie der Gruppe $PSU(4, 2^2)$ zu der in § 4 schon erwähnten einfachen Gruppe $PC(4, 3)$ der Ordnung 25920 hingewiesen werden.

---

[37]) L. E. Dickson: Linear Groups, § 146, 148.

[38]) Bei Dickson mit HA bezeichnet. Die Gruppe wird hyperabelsch genannt, weil sie die Komplexgruppe oder Abelsche lineare Gruppe als Untergruppe enthält.

[39]) L. E. Dickson: Proc. London Math. Soc. **34** (1901) 185—205.

[40]) L. E. Dickson: Linear Groups, § 145—151. — J.-A. de Séguier: J. Math. pures appl. (7) **2** (1916) 281—366.

[41]) L. E. Dickson: Linear Groups, § 270—277.

§ 6. Die orthogonalen Gruppen.

Es sei zunächst K ein Körper mit Charakteristik $\neq 2$. Die Gruppe der linearen Transformationen des $E_n(\mathsf{K})$, welche eine nichtsinguläre quadratische Form

$$Q = \sum\sum \alpha_{jk}\,\xi_j\,\xi_k$$

invariant lassen, möge die *erweiterte orthogonale Gruppe* heißen. Ihre Transformationen haben bekanntlich die Determinante ± 1. Die mit Determinante $+1$ bilden die *engere orthogonale Gruppe* $O(n, \mathsf{K}, Q)$.

Ist insbesondere Q die Einheitsform $\sum \xi_i^2$, so haben wir die *erste orthogonale Gruppe* $O_1(n, \mathsf{K})$. Die Transformationen von $O_1(n, \mathsf{K})$ bilden eine rationale $\binom{n}{2}$-dimensionale algebraische Mannigfaltigkeit mit der Parameterdarstellung

$$A = (I + C)^{-1}(I - C); \quad C = -C^T$$

[vgl. Gleichung (3), § 5], welche aber nur die Elemente der Mannigfaltigkeit wirklich darstellt, für welche $|I + A| \neq 0$ ist. Eine ausnahmslos gültige Parameterdarstellung hat R. LIPSCHITZ[42]) angegeben. Indem er mit Hilfe der 2^{n-1} Basiselemente $1, i_{ab}, i_{abcd}, \ldots$ $(a, b, c, \ldots = 1, 2, \ldots, n;$ $a < b < c \ldots)$ eines bestimmten hyperkomplexen Systems die Ausdrücke

$$X = \xi_1 1 + \xi_2 i_{12} + \cdots + \xi_n i_{1n}$$
$$Y = \xi_1' 1 + \xi_2' i_{12} + \cdots + \xi_n' i_{1n}$$
$$\Lambda = \lambda_0 + \sum \lambda_{ab} i_{ab} + \sum \lambda_{abcd} i_{abcd} + \cdots$$
$$\Lambda_1 = \lambda_0 - \sum \lambda_{ab} i_{ab} + \sum \lambda_{abcd} i_{abcd} - \cdots$$

bildet, wobei die 2^{n-1} Koeffizienten $\lambda_0, \lambda_{ab}, \lambda_{abcd}, \ldots$ rational von $\binom{n}{2} + 1$ unter ihnen abhängen, gelingt es ihm, jede orthogonale Transformation $X \to Y$ durch die Formel

$$\Lambda X = Y \Lambda_1$$

darzustellen. Dabei bilden die Λ eine Gruppe.

Im Fall des Körpers der reellen oder der komplexen Zahlen wird die Gruppe $O_1(n, \mathsf{K})$ nach KRONECKER[43]) erzeugt durch die Substitutionen

$$\begin{cases} \xi_1' = c\xi_1 - s\xi_j \\ \xi_j' = s\xi_1 + c\xi_j \quad (c^2 + s^2 = 1). \\ \text{übrige } \xi_k' = \xi_k \end{cases}$$

Aus der im vorigen Paragraphen erwähnten Diagonaltransformation der unitären Matrices folgt leicht, daß eine reelle orthogonale Matrix A

---

[42]) R. LIPSCHITZ: Untersuchungen über die Summen von Quadraten. Bonn 1884.

[43]) L. KRONECKER: S.-B. preuß. Akad. Wiss. **1890** 1063—1080.

sich durch Transformation mit einer ebensolchen Matrix auf eine Normalform BAB^{-1} bringen läßt, bestehend aus längs der Diagonale aneinandergereihten zweireihigen Kästchen $\begin{pmatrix} c & -s \\ s & c \end{pmatrix}$ mit $c^2 + s^2 = 1$ und evtl. noch Zahlen ± 1 in der Diagonale.

Wir kehren nun zu beliebigen Körpern K mit Charakteristik $\neq 2$ und beliebigen quadratischen Formen Q zurück. Jede solche Form Q läßt sich in K auf die Form

$$(1) \qquad \sum \alpha_\nu \, \xi_\nu{}^2$$

transformieren. Ist K algebraisch abgeschlossen, so können alle α_i gleich Eins gewählt werden. Ist K der Körper der reellen Zahlen, so können alle $\alpha_i = \pm 1$ gewählt werden; die Anzahl der negativen unter ihnen heißt die *Signatur* oder der *Trägheitsindex* der Form Q und ist bei linearen Transformationen invariant. Ist K ein Galois-Feld $GF(q)$, so können alle $\alpha_i = 1$ gewählt werden mit Ausnahme des letzten, der dann gleich der Diskriminante D der Form Q ist. Die Gruppe $O(n, \mathsf{K}, Q)$ kann daher in diesem Fall auch mit $O_D(n, \mathsf{K})$ oder mit $O_D(n, q)$ bezeichnet werden. Je nachdem, ob D ein Quadrat oder ein Nichtquadrat ist, handelt es sich um die *erste* oder die *zweite* orthogonale Gruppe $O_1(n, q)$ oder $O_\nu(n, q)$. Als Index ν kann ein beliebiges Nichtquadrat des Körpers $GF(q)$ benutzt werden. Für ungerades n ist zwischen $O_1(n, q)$ und $O_\nu(n, q)$ kein Unterschied, da dann eine Form mit Diskriminante ν durch Multiplikation mit ν in eine solche mit quadratischer Diskriminante verwandelt werden kann.

Die Ordnungen der Gruppen $O_D(n, q)$ sind[44]) für ungerade n

$$(q^{n-1} - 1)\, q^{n-2}\, (q^{n-3} - 1)\, q^{n-4} \ldots (q^2 - 1)\, q$$

und für gerade n

$$\left(q^{n-1} - \eta\, \varepsilon^{\frac{n}{2}} \right) (q^{n-2} - 1)\, q^{n-3} \ldots (q^2 - 1)\, q$$

$$\varepsilon = (-1)^{\frac{q-1}{2}}\,; \quad \eta = 1 \text{ für } O_1(n, q)\,; \quad \eta = -1 \text{ für } O_\nu(n, q).$$

Die Erzeugenden der Gruppe $O_D(n, q)$ sind bei DICKSON (Linear Groups, § 173) angegeben. Die Gruppen $O(2, \mathsf{K}, Q)$ sind abelsch, also nicht weiter interessant. Wir setzen daher fortan $n > 2$ voraus. Die maximalen auflösbaren Untergruppen der Gruppen $O(2, p, Q)$ hat C. JORDAN[45]) studiert. Die abelschen Untergruppen der komplexen orthogonalen Gruppen hat H. B. HEYWOOD[46]) aufgestellt.

Bildet man aus der Gruppe $O(n, \mathsf{K}, Q)$ die Faktorgruppe nach den Transformationen $\lambda I\,(\lambda = \pm 1$, für ungerade n nur $\lambda = 1$), so erhält man eine projektive Gruppe $PO(n, \mathsf{K}, Q)$, welche eine quadratische

[44]) L. E. DICKSON: Linear Groups, § 172.
[45]) C. JORDAN: J. de Math. (7) **3** (1917) 263—374.
[46]) H. B. HEYWOOD: Messenger of Math. (2) **43** (1913) 14—21.

Hyperfläche $Q = 0$ invariant läßt. Für ungerade n ist $PO\,(n,\,\mathsf{K},\,Q)$ ein-stufig isomorph zu $O\,(n,\,\mathsf{K},\,Q)$. Für gerade $n = 2m$ sind die Transformationen von $PO\,(2m,\,\mathsf{K},\,Q)$ unter den in weiterem Sinne orthogonalen Transformationen dadurch ausgezeichnet, daß sie die beiden Scharen von linearen Räumen P_{n-1}, welche (evtl. nach Erweiterung des Grundkörpers K) auf der Hyperfläche $Q = 0$ des Raumes P_{2m-1} angetroffen werden, nicht miteinander vertauschen. Ist K der Körper der reellen Zahlen und hat Q den Trägheitsindex 0 oder 1, so nennt man $PO\,(n,\,\mathsf{K},\,Q)$ eine *nichteuklidische* (elliptische oder hyperbolische) Bewegungsgruppe.

Im Fall eines endlichen Körpers K besitzt die Gruppe $O_D\,(n,\,\mathsf{K})$, wie DE SÉGUIER und JORDAN[47]) zuerst gezeigt haben, eine Untergruppe $O'_D\,(n,\,\mathsf{K})$ vom Index 2, deren Erzeugende vorher DICKSON[48]) schon angegeben hatte. Die Transformationen dieser Untergruppen sind dadurch charakterisiert, daß sie die Punkte der Hyperfläche $Q = 1$ des Raumes $E_n\,(\mathsf{K})$ nach einer geraden Permutation untereinander transformieren.

Für die Struktur der Gruppen $PO\,(n,\,\mathsf{K},\,Q)$ spielt der Fall $n = 4$ eine Ausnahmerolle, weil in diesem Fall die Gruppe im wesentlichen ein direktes Produkt von zwei nichtabelschen einfachen Gruppen ist (siehe § 7). Für $n > 4$ dagegen sind die Gruppen $PO'_D\,(n,\,q)$, die in $PO_D\,(n,\,q)$ nur den Index 1 oder 2 haben, alle einfach[49]). Dasselbe gilt auch für $n = 3$, mit der einen Ausnahme $PO'\,(3,\,3) \cong PSL\,(2,\,3) \cong \mathfrak{A}_4$ (vgl. § 7). Bei beliebigen Grundkörpern K sind die Verhältnisse noch nicht restlos geklärt. Nimmt man die Form Q in einer von den drei folgenden Gestalten an

$$Q = \xi_1{}^2 + \xi_2\xi_3 + \cdots + \xi_{n-1}\xi_n \qquad (n\ \text{ungerade})$$
$$Q = \xi_1\xi_2 + \xi_3\xi_4 + \cdots + \xi_{n-1}\xi_n \qquad (n\ \text{gerade})$$
$$Q = \varphi\,(\xi_1,\,\xi_2) + \xi_3\xi_4 + \cdots + \xi_{n-1}\xi_n \ (n\ \text{gerade}),$$

so gibt es wieder eine Untergruppe $PO'\,(n,\,K,\,Q)$ mit abelscher Faktorgruppe, deren Index man nicht allgemein angeben kann und die für $n \neq 4$ nach DICKSON[50]) einfach ist. Für den Fall, daß K der Körper der reellen Zahlen ist, folgt aus der Theorie der kontinuierlichen Gruppen, daß der kontinierlich mit der Identität zusammenhängende Teil von $PO\,(n,\,\mathsf{K},\,Q)$ für $n \neq 4$ einfach ist[51]).

Einigermaßen anders als in den bisher betrachteten Fällen, wo die Charakteristik $\neq 2$ war, liegen die Verhältnisse bei Körpern der Charak-

---

[47]) J.-A. DE SÉGUIER: C. R. Acad. Sci., Paris **157** (1913) 430—432. — C. JORDAN: J. Math. pures appl. (7) **2** (1916) 253—280.

[48]) L. E. DICKSON: Linear Groups, § 181.

[49]) L. E. DICKSON: Linear Groups, § 191—192. Vgl. auch J.-A. DE SÉGUIER: J. Math. pures appl. (7) **2** (1916) 281—365.

[50]) L. E. DICKSON: Trans. Amer. Math. Soc. **2** (1901) 363—394 — Proc. London Math. Soc. **34** (1902) 185—205.

[51]) E. CARTAN: Ann. École norm. **31** (1914) 263—355. — B. L. VAN DER WAERDEN: Math. Z. **36** (1933) 780—786.

teristik 2. Es sei also K ein vollkommener Körper der Charakteristik 2. Jede quadratische Form in n Variablen mit Koeffizienten aus K, welche nicht als Form in weniger als n Variablen geschrieben werden kann, läßt sich dann auf eine der beiden Normalformen

$$Q = \xi_1\xi_2 + \xi_3\xi_4 + \cdots + \xi_{n-2}\xi_{n-1} + \xi_n^2 \quad (n \text{ ungerade})$$
$$Q = \xi_1\xi_2 + \cdots + \xi_{n-3}\xi_{n-2} + \varphi(\xi_{n-1}, \xi_n) \quad (n \text{ gerade})$$

bringen[52]), wo φ eine quadratische Form in ξ_{n-1} und ξ_n ist. Ist φ im Körper K zerlegbar (*erster Fall*), so kann man $\varphi = \xi_{n-1}\xi_n$ annehmen, im anderen (*zweiten*) Fall kann man durch eine einfache Transformation

$$\varphi = \xi_{n-1}\xi_n + \lambda(\xi_{n-1}^2 + \xi_n^2) \quad \text{mit} \quad \lambda \neq 0$$

erreichen. Der erste Fall ordnet sich dem zweiten für $\lambda = 0$ unter. Für gerade n kann man also in jedem Fall setzen

$$Q = \xi_1\xi_2 + \cdots + \xi_{n-3}\xi_{n-2} + \xi_{n-1}\xi_n + \lambda(\xi_{n-1}^2 + \xi_n^2) .$$

Diejenigen Transformationen, welche die Form Q invariant lassen, bilden wieder die *orthogonale Gruppe* $O(n, K, Q)$. Für ungerade n und Q in der obigen Normalform kann man einfach $O(n, K)$ schreiben. Für gerade n schreibe man $O_\lambda(n, K)$. Jede Transformation von $O(n, K, Q)$ läßt auch die Polarform von Q:

$$P = (\xi_1\eta_2 - \xi_2\eta_1) + \cdots + (\xi_{n-2}\eta_{n-1} - \xi_{n-1}\eta_{n-2}) \quad (n \text{ ungerade})$$
$$P = (\xi_1\eta_2 - \xi_2\eta_1) + \cdots + (\xi_{n-1}\eta_n - \xi_n\eta_{n-1}) \quad (n \text{ gerade})$$

invariant[53]). Wenn ξ dem „Strahl" $\xi_1 = \xi_2 = \cdots = \xi_{n-1} = 0$ angehört, so wird, falls n ungerade, die Polarform P identisch Null in η; also müssen unsere Transformationen auch diesen Strahl invariant lassen, d. h. sie transformieren $\xi_1, \ldots, \xi_{n-1}$ nur untereinander, und zwar nach einer Transformation der Komplexgruppe $C(n-1, K)$. Also ist die Gruppe $O(n, K, Q)$ für ungerades n auf die Komplexgruppe $C(n-1, K)$ homomorph abgebildet. Untersucht man, welche Transformationen von $O(n, K, Q)$ bei dieser Abbildung die Identität ergeben, so findet man, daß es sich um einen 1-Isomorphismus handelt:

$$O(2m+1, K) \cong C(2m, K).$$

Für gerades $n = 2m$ ist die orthogonale Gruppe $O(n, K, Q) = O_\lambda(n, K)$ eine echte Untergruppe der Komplexgruppe $C(2m, K)$; sie wird daher auch als eine *hypoabelsche Gruppe* bezeichnet (*erste* oder *zweite* hypoabelsche Gruppe, je nachdem, ob $\lambda = 0$ oder $\lambda \neq 0$ ist).

Die Hyperfläche $Q = 0$ des projektiven Raumes P_{2m-1} enthält zwei („reelle" oder konjugierte) Scharen von linearen Räumen P_{m-1}, welche durch die Gruppe $O(2m, K, Q)$ in sich oder ineinander transformiert werden. Die Untergruppe, welche sie einzeln in sich transformiert, heißt

---

[52]) Siehe etwa L. E. DICKSON: Linear Groups, § 199.
[53]) $\xi_1\eta_2 - \xi_2\eta_1$ ist dasselbe wie $\xi_1\eta_2 + \xi_2\eta_1$ wegen Charakteristik 2.

die *engere orthogonale* oder JORDANsche *hypoabelsche Gruppe* $J_\lambda(2m, \mathsf{K})$[54].
Für $\mathsf{K} = GF(q)$, $q = 2^r$, schreiben wir wieder $J_\lambda(2m, q)$ statt $J_\lambda(2m, \mathsf{K})$.
Die Ordnungen dieser Gruppen sind

$$(q^m - \varepsilon)\,(q^{2(m-1)} - 1)\,q^{2(m-1)}\,(q^{2(m-2)} - 1)\,q^{2(m-2)} \ldots (q^2 - 1)\,q^2\,,$$

wo $\varepsilon = 1$ für $\lambda = 0$ und $\varepsilon = -1$ für $\lambda \neq 0$.

Nach L. E. DICKSON[55] sind die Gruppen $J_\lambda(2m, \mathsf{K})$ für $2m > 4$ für
vollkommene Körper K *alle einfach.* Im Ausnahmefall $2m = 4$ ist
$J_\lambda(2m, \mathsf{K})$ ein direktes Produkt (vgl. § 7). Für $2m = 2$ ist die Gruppe,
wie leicht ersichtlich, isomorph der multiplikativen Gruppe des Kör-
pers K, also abelsch.

Im Fall des Körpers der komplexen Zahlen bilden die Gruppen
$PSL(n, \mathsf{K})$, $PC(n, \mathsf{K})$ und $PO_1(n, \mathsf{K})$ drei unendliche Reihen von einfachen kontinuierlichen Gruppen. Außer diesen gibt es nach E. CARTAN[56]
nur noch fünf Typen von einfachen analytischen kontinuierlichen Gruppen, deren einfachste eine lineare Gruppe vom Grade 7 ist, deren Elemente von 14 komplexen Parametern analytisch abhängen. L. E. DICK-
SON[57] hat ein Analogon dieser Gruppe für beliebige Grundkörper K gefunden und den Einfachheitsbeweis allgemein geliefert.

§ 7. Die Isomorphismen der orthogonalen Gruppen in 3, 4, 5 und 6 Dimensionen.

Die orthogonalen Gruppen $PO(n, \mathsf{K}, Q)$ sind in den Fällen $n = 3$,
4, 5, 6 isomorph zu gewissen linearen Gruppen kleineren Grades. Es
handelt sich hier um ganz singuläre, einmalige Erscheinungen, die
kein Analogon für beliebige Dimensionszahlen haben.

Für den Fall des Körpers der komplexen Zahlen sowie für einige
reelle Fälle wurden diese Isomorphismen wohl zuerst von F. KLEIN[58]
angegeben. Der reelle dreidimensionale Fall: die Isomorphie der Gruppe
der gewöhnlichen Kugeldrehungen zu einer Gruppe von gebrochen-
linearen Transformationen einer komplexen Veränderlichen, ist allgemein bekannt. Ein reeller vierdimensionaler Fall steht bei GOURSAT[59];

---

[54] DICKSON schreibt $FH(2m, q)$ und $SH(2m, q)$ für $K = GF(q)$ und $\lambda = 0$
bzw. $\lambda = \mu$ (First and second hypoabelian groups).

[55] L. E. DICKSON: Linear Groups, § 209. DICKSON betrachtet zwar nur endliche Körper K; sein Beweis gilt aber ungeändert für alle vollkommenen Körper
von der Charakteristik 2.

[56] E. CARTAN: Thèse. Paris 1894 (2. Aufl. Paris 1933). Vgl. auch B. L. VAN
DER WAERDEN: Math. Z. **37** (1933) 446—462.

[57] L. E. DICKSON: Trans. Amer. Math. Soc. **2** (1901) 383—391.

[58] F. KLEIN: Math. Ann. **5** (1872) 256—277; **23** (1884) 539—578; **43** (1893)
63—100 (Erlanger Programm von 1871).

[59] E. GOURSAT: Ann. École norm. (3) **6** (1889) 9—102. Vgl. auch F. KLEIN:
Math. Ann. **37** (1890) 546—554 sowie E. STUDY: Amer. J. Math. **19** (1906) 116.

ein anderer, ebenfalls zur Zeit KLEINS schon bekannter[60]) Fall
spielt in der relativistischen Quantenmechanik eine große Rolle[61]).
Die reellen fünf- und sechsdimensionalen Fälle wurden von CARTAN[62]),
STUDY[63]) und SCHOUTEN[64]) behandelt. Eine erschöpfende Diskussion
der Isomorphismen für den Fall des Galois-Feldes gab L. E. DICKSON[65]).
Wir werden sie hier mit einer einheitlichen Methode für beliebige
Körper herleiten.

I. Die Fälle $n = 4$ und $n = 6$.

$n = 4$. Wir nehmen zunächst an, die Form Q lasse sich durch
Transformation in K auf die Gestalt

$$(1) \qquad Q_1 = \xi_1 \xi_2 - \xi_3 \xi_4$$

bringen. Die quadratische Fläche $Q = 0$ im projektiven Raum P_3
besitzt dann die Parameterdarstellung

$$(2) \qquad \xi_1 = \lambda_1 \mu_1, \quad \xi_2 = \lambda_2 \mu_2, \quad \xi_3 = \lambda_1 \mu_2, \quad \xi_4 = \lambda_2 \mu_1.$$

Die geometrische Bedeutung der Parameter λ_i und μ_k ist unmittelbar ersichtlich: $\lambda_i = $ konst. und $\mu_k = $ konst. sind die beiden Scharen
von Geraden auf der Fläche, und die Verhältnisse $\lambda_1 : \lambda_2$ und $\mu_1 : \mu_2$
sind projektive Parameter in den Punktreihen, welche die Geraden
einer Schar auf einer Geraden der anderen Schar ausschneiden. Daraus
folgt aber sofort: Bei einer projektiven Transformation der Fläche
$Q_1 = 0$ in sich, welche die beiden Scharen nicht vertauscht, werden die
beiden Parameterverhältnisse $\lambda_1 : \lambda_2$ und $\mu_1 : \mu_2$ (unabhängig voneinander) projektiv transformiert:

$$(3) \qquad \lambda_i' = \sum a_{ij} \lambda_j, \quad \mu_k' = \sum b_{kl} \mu_l.$$

Sind umgekehrt zwei projektive Transformationen der Parameterverhältnisse $\lambda_1 : \lambda_2$ und $\mu_1 : \mu_2$ gegeben, welche durch Formeln (3)
dargestellt werden können, so werden auf Grund der Transformation (3)
auch die Produkte $\lambda_i \mu_k$, also die Koordinaten der zugehörigen Punkte
der Fläche, linear transformiert:

$$(4) \qquad \lambda_i' \mu_k' = \sum \sum a_{ij} b_{kl} \lambda_j \mu_l.$$

Diese Transformation der Fläche kann man auf den ganzen Raum
ausdehnen, indem man die Koordinaten ξ_i beliebiger Punkte genau so

---

[60]) Siehe etwa R. FRICKE-F. KLEIN: Vorlesungen über automorphe Funktionen I. Braunschweig 1897.

[61]) Siehe etwa B. L. VAN DER WAERDEN: Die gruppentheoretische Methode
in der Quantenmechanik. Berlin 1932, § 20.

[62]) E. CARTAN: Ann. École norm. **31** (1914) 353—355.

[63]) E. STUDY: Math. Z. **18** (1923) 55—86 u. 201—229; **21** (1924) 45—71 u.
174—194 — J. reine angew. Math. **157** (1927) 33—59.

[64]) J. A. SCHOUTEN und J. HAANTJES: Konforme Feldtheorie II. Erscheint
1935 in den Ann. Scuola norm. super. Pisa.

[65]) L. E. DICKSON: Linear Groups. Leipzig 1902, § 178—208.

linear transformiert wie die Koordinaten der Punkte der Fläche nach (4). Am bequemsten schreiben sich die Formeln dieser Transformation, wenn man die ξ_i mit Doppelindizes bezeichnet:

$$\xi_1 = \omega_{11}, \quad \xi_2 = \omega_{22}, \quad \xi_3 = \omega_{12}, \quad \xi_4 = \omega_{21}.$$

Dann hat man einfach die Koordinaten ω_{ik} genau so zu transformieren wie die Produkte $\lambda_i \mu_k$ nach (4):

$$(5) \qquad \omega'_{ik} = \sum \sum a_{ij}\, b_{kl}\, \omega_{jl} {}^{66}).$$

Diese Transformation transformiert nun die Fläche in sich, und zwar so, daß die Parameterwerte λ_i, μ_k ihrer Punkte genau nach (3) transformiert werden. Damit ist bewiesen:

Die Gruppe der projektiven Transformationen des Raumes P_3, welche die beiden Geradenscharen der Fläche $Q_1 = 0$ einzeln in sich überführen, ist isomorph dem direkten Produkt $PGL(2, \mathsf{K}) \times PGL(2, \mathsf{K})$ der projektiven Gruppen der Parameterverhältnisse $\lambda_1 : \lambda_2$ und $\mu_1 : \mu_2$.

Die Transformationen (5) transformieren zwar die Fläche $Q_1 = 0$ in sich, aber sie brauchen die Form

$$Q_1 = \omega_{11}\,\omega_{22} - \omega_{12}\,\omega_{21}$$

nicht absolut invariant zu lassen. Eine leichte Rechnung lehrt, daß diese Form bei der Transformation (5) mit dem Produkt $\alpha\beta$ der Determinanten der Matrices A und B multipliziert wird. Damit nun die Transformation (5) zur Gruppe $O(n, \mathsf{K}, Q_1)$, also die zugehörige projektive Transformation zu $PO(n, \mathsf{K}, Q_1)$ gehört, muß sie Q_1 absolut invariant lassen, d. h. es muß $\alpha\beta = 1$ sein. Also:

Die Gruppe $PO(4, \mathsf{K}, Q_1)$ ist isomorph zur Gruppe der Paare von binären projektiven Transformationen, deren Determinanten das Produkt Eins ergeben.

Eine Untergruppe (mit abelscher Faktorgruppe) erhält man, wenn man sich auf die Paare von binären Transformationen mit Determinanten gleich Eins beschränkt. Die so definierte Untergruppe von $PO(4, \mathsf{K}, Q)$ wird mit $PO'(4, \mathsf{K}, Q)$, die entsprechende lineare Gruppe mit $O'(4, \mathsf{K}, Q)$ bezeichnet. Man hat nunmehr die Isomorphie:

$$(6) \qquad PO'(4, \mathsf{K}, Q_1) \cong PSL(2, \mathsf{K}) \times PSL(2, \mathsf{K}).$$

Bemerkung. Nimmt man an Stelle von (3) zwei halblineare Transformationen

$$\lambda'_i = \sum b_{ij} \lambda_j^S, \qquad \mu'_k = \sum c_{kl} \lambda_l^S$$

mit demselben S, so erhält man statt (5) auch eine halblineare Transformation der Fläche $Q_1 = 0$ in sich. Nimmt man statt (3) eine lineare

---

^{66}) Eigentlich müßte man, da es sich um eine projektive Transformation handelt, rechts noch einen willkürlichen Faktor λ hinzufügen; aber diesen kann man in die Matrix B hineinziehen.

oder halblineare Transformation, welche die λ in μ' und die μ und λ' überführt, so erhält man eine lineare oder halblineare Transformation der ω, welche die beiden Scharen von Geraden vertauscht.

$n = 6$. Wir nehmen wieder an, daß die Form Q sich auf die Gestalt

(7) $$Q_1 = \xi_1\xi_2 + \xi_3\xi_4 + \xi_5\xi_6$$

bringen läßt. Wir führen die neuen Bezeichnungen

(8) $\pi_{12}=\xi_1$, $\pi_{34}=\xi_2$, $\pi_{13}=\xi_3$, $\pi_{24}=\xi_4$, $\pi_{14}=\xi_5$, $\pi_{23}=\xi_6$; $\pi_{ik}=-\pi_{ki}$

ein, wodurch Q_1 in

(9) $$Q_1 = \pi_{12}\pi_{34} + \pi_{13}\pi_{24} + \pi_{14}\pi_{23}$$

übergeht. Die Bedingung $Q_1 = 0$ ist nun notwendig und hinreichend dafür, daß die π_{ik} die PLÜCKERschen Koordinaten einer Geraden des Raumes P_3 sind. Das heißt, die Parameterdarstellung

(10) $$\pi_{ik} = x_i y_k - x_k y_i$$

stellt die ganze Hyperfläche $Q_1 = 0$ dar. Hält man in (10) die x konstant, betrachtet also alle Geraden durch einen festen Punkt x des P_3, so durchläuft der Punkt ξ mit Koordinaten π_{ik} eine Ebene, die ganz auf der Hyperfläche $Q_1 = 0$ liegt. In dieser Weise entspricht jedem Punkte des Raumes P_3 eine Ebene der Hyperfläche. Ebenso entspricht jeder Ebene des Raumes P_3 eine Ebene der Hyperfläche. So erhält man die beiden Scharen von Ebenen der Hyperfläche. Sind ein Punkt und eine Ebene in P_3 inzident, so schneiden sich die ihnen entsprechenden Ebenen auf der Hyperfläche in einer Geraden, und umgekehrt.

Eine Kollineation des Raumes P_5, welche die Hyperfläche $Q_1 = 0$ in sich transformiert und die beiden Scharen von Ebenen einzeln in sich transformiert, induziert dadurch auch eine Transformation der Punkte und Ebenen des Raumes P_3, welche die Inzidenz erhält, also eine Kollineation[67]

(11) $$x_i' = b_i{}^k x_k{}^S.$$

Ebenso induziert eine Kollineation des Raumes P_5, welche die Hyperfläche in sich transformiert und die Ebenenscharen vertauscht, in P_3 eine Transformation, welche Punkte in Ebenen und umgekehrt überführt und die Inzidenz erhält, also eine Korrelation

(12) $$'u^i = d^{ik} x_k{}^S.$$

Ist umgekehrt eine Kollineation (11) oder eine Korrelation (12) gegeben, so induzieren diese je eine halblineare Transformation der Linienkoordinaten:

(13) $$\pi_{ik}' = b_i{}^j b_k{}^l \pi_{jl}{}^S$$

bzw.

(14) $$'\pi^{ik} = d^{ij} d^{kl} \pi_{jl}{}^S,$$

---

[67] Wir führen jetzt hoch und tief gestellte Indizes ein und verabreden, daß über jeden unten und oben vorkommenden variablen Index summiert wird.

wobei $'\pi^{ik}$ die kontragedienten Linienkoordinaten sind, die mit den kogredienten π'_{ik} durch die Formeln

$$(15) \quad '\pi^{12} = \pi'_{34}, \; '\pi^{13} = \pi'_{42}, \; '\pi^{14} = \pi'_{23}, \; '\pi^{34} = \pi'_{12}, \; '\pi^{42} = \pi'_{13}, \; '\pi^{23} = \pi'_{14}$$

verbunden sind. Damit ist bewiesen:

Die Gruppe der Kollineationen des Raumes P_5, welche die Hyperfläche $Q_1 = 0$ invariant lassen, ist isomorph der Gruppe der Kollineationen und Korrelationen des Raumes P_3. Dabei entsprechen die Kollineationen von P_3 denjenigen Kollineationen von P_5, welche die beiden Ebenenscharen der Hyperfläche nicht vertauschen, und insbesondere die projektiven Transformationen $(S = I)$ den projektiven. Die Gruppe der die beiden Ebenenscharen nicht vertauschenden automorphen Kollineationen der Hyperfläche $Q_1 = 0$ ist also isomorph der projektiven Gruppe $PGL(4, K)$.

Wir beschränken uns jetzt auf die projektiven Transformationen, nehmen also $S = I$ an und fügen in (13) rechts einen willkürlichen Faktor ϱ hinzu:

$$(16) \qquad\qquad \pi'_{ik} = \varrho\, b_i^{\,j}\, b_k^{\,l}\, \pi_{jl}{}^{S}.$$

Bei der linearen Transformation (16) wird die Form (9) mit dem Faktor $\varrho^2 \beta$ multipliziert, wo β die Determinante der Matrix B ist. Damit diese lineare Transformation zur Gruppe $O(6, K, Q_1)$, also die entsprechende projektive Transformation zu $PO(6, K, Q_1)$ gehört, muß $\varrho^2 \beta = 1$, also

$$(17) \qquad\qquad \beta = \varrho^{-2}$$

ein Quadrat sein. Mithin:

Die Gruppe $PO(6, K, Q_1)$ ist isomorph zur Gruppe aller quaternären projektiven Transformationen, deren Determinanten Quadrate sind.

Eine Untergruppe der letzteren (nämlich ihre Kommutatorgruppe) ist die spezielle projektive Gruppe $PSL(4, K)$. Ihr entspricht im Isomorphismus eine Untergruppe $PO'(6, K, Q_1)$, die Kommutatorgruppe von $PO(6, K, Q_1)$. Mithin gilt

$$(18) \qquad\qquad PO'(6, K, Q_1) \cong PSL(4, K).$$

II. Bevor wir zu den noch verbleibenden Fällen $n = 3$ und $n = 5$ übergehen, besprechen wir die Erweiterung der bisherigen Ergebnisse auf diejenigen Formen Q, die sich nicht auf die Gestalten (1) bzw. (7) bringen lassen. Wir fangen dabei mit dem lehrreichsten Fall $n = 6$ an.

Der Grundkörper möge von nun an mit P bezeichnet werden. Falls P nicht die Charakteristik 2 hat, läßt sich Q in P jedenfalls auf die Gestalt

$$(19) \qquad\qquad Q = \alpha_1 \xi_1^{\,2} + \alpha_2 \xi_2^{\,2} + \cdots + \alpha_6 \xi_6^{\,2}$$

bringen; hat aber P die Charakteristik 2, so nehmen wir nach § 6

$$(20) \qquad\qquad Q = \xi_1 \xi_2 + \xi_3 \xi_4 + \xi_5 \xi_6 + \lambda(\xi_5^{\,2} + \xi_6^{\,2})$$

als Normalform an. Im Fall (19) kann man nach Adjunktion der drei Quadratwurzeln

$$w_1 = \sqrt{-\frac{\alpha_2}{\alpha_1}}, \qquad w_2 = \sqrt{-\frac{\alpha_4}{\alpha_3}}, \qquad w_3 = \sqrt{-\frac{\alpha_6}{\alpha_5}}$$

schreiben:

$$Q = \alpha_1(\xi_1 + w_1\xi_2)(\xi_1 - w_1\xi_2) + \alpha_3(\xi_3 + w_2\xi_4)(\xi_3 - w_2\xi_4)$$
$$+ \alpha_4(\xi_5 + w_3\xi_6)(\xi_5 - w_3\xi_6).$$

Im Fall (20) adjungiere man ebenso die Wurzeln θ_1 und θ_2 der Gleichung

$$\theta + \lambda(1 + \theta^2) = 0$$

und erhält

$$Q = \xi_1\xi_2 + \xi_3\xi_4 + \lambda(\xi_5 - \theta_1\xi_6)(\xi_5 - \theta_2\xi_6).$$

Man erhält so jedesmal einen separablen Erweiterungskörper K, in welchem die Form Q sich auf die Normalgestalt (7) oder (9) bringen läßt, wobei die in dieser Normalgestalt vorkommenden Variablen π_{ik} lineare Funktionen der ursprünglichen ξ_i mit Koeffizienten aus K sind:

$$(21) \qquad \pi_{ik} = e_{ik}{}^\nu \xi_\nu.$$

Bemerkenswert ist dabei, daß sowohl im Fall des Galois-Feldes wie im Fall des Körpers der reellen Zahlen jedesmal eine *quadratische* Erweiterung K des Körpers P ausreicht.

Im Erweiterungskörper K gelten alle oben bewiesene Isomorphismen; insbesondere ist $PO(6, \mathsf{K}, Q) \cong PO(6, \mathsf{K}, Q_1)$ isomorph einer Untergruppe von $PGL(4, \mathsf{K})$. Gehen wir nun wieder von $PO(6, \mathsf{K}, Q)$ zur Untergruppe $PO(6, \mathsf{P}, Q)$ über, so haben wir zu untersuchen, welche Untergruppe von $PGL(4, \mathsf{K})$ ihr im Isomorphismus entspricht.

Eine projektive Transformation T mit Koeffizienten K gehört dann und nur dann zum Grundkörper P, wenn sie mit allen Automorphismen S der GALOISschen Gruppe $\mathfrak{G}$ von K/P, genauer mit allen Kollineationen

$$(22) \qquad \xi_i' = \xi_i^S \qquad (S \text{ in } \mathfrak{G})$$

vertauschbar ist[68]). Diese Vertauschbarkeit bleibt bei dem isomorphen Übergang zu der Gruppe der Korrelationen und Kollineationen des P_3 erhalten. Der Korrelation (22), welche jedenfalls die Hyperfläche $Q = 0$ invariant läßt, möge eine Kollineation oder Korrelation C_S des Raumes P_3 entsprechen. Dann folgt: *Der Gruppe $PO(6, \mathsf{P}, Q)$ entspricht im Isomorphismus die Untergruppe derjenigen Transformationen von $PGL(4, \mathsf{K})$, deren Determinanten Quadrate sind und welche mit allen Korrelationen bzw. Korrelationen C_S, welche zu den Substitutionen S der GALOISschen Gruppe von K/P gehören, vertauschbar sind.*

---

[68]) Zum Beweis bemerke man, daß man ein Matrixelement der projektiven Transformation T immer gleich Eins wählen kann. Ist dann T mit der Kollineation (22) vertauschbar, so müssen alle Matrixelemente die Substitutionen S gestatten und daher, da K separabel über P ist, zu P gehören.

Je nach der Natur der C_S fallen diese Bedingungen natürlich verschieden aus. Wenn C_S eine Korrelation (12) ist, kann man die mit ihr vertauschbaren Kollineationen auch charakterisieren als diejenigen, welche die Form

$$(23) \qquad d^{ik} x_i x_k^S$$

bis auf einen Faktor invariant lassen.

Es sei z. B. P der Körper der reellen Zahlen und

$$(24) \qquad Q = \xi_1^2 + \xi_2^2 + \xi_3^2 + \xi_4^2 + \xi_5^2 + \xi_6^2.$$

Die Substitution (21), die Q auf die Form (9) bringt, heißt dann

$$\pi_{12} = \xi_1 + i\xi_2, \qquad \pi_{13} = \xi_3 + i\xi_4, \qquad \pi_{14} = \xi_5 + i\xi_6,$$
$$\pi_{34} = \xi_1 - i\xi_2, \qquad \pi_{42} = \xi_3 - i\xi_4, \qquad \pi_{23} = \xi_5 - i\xi_6.$$

Die Kollineation (22) führt nun π_{12} in π_{34}^S, π_{13} in π_{42}^S, π_{14} in π_{23}^S und umgekehrt über, wobei S der Übergang zum konjugiert Komplexen ist. Ihr entspricht im Isomorphismus die Korrelation

$$'u^i = x_i^S,$$

aus der man die HERMITEsche Form

$$(25) \qquad \sum x_i x_i^S = \sum x_i \bar{x}_i$$

bilden kann. Wenn eine reelle projektive Transformation diese Form bis auf einen Faktor invariant läßt, so muß dieser Faktor positiv sein, denn die Form (25) ist positiv-definit. Somit kann man den Faktor auch gleich Eins wählen. Damit haben wir die Isomorphie

$$(26) \qquad PO_1(6, \mathsf{P}) \cong PU(4, \mathsf{K}).$$

Dieselben Überlegungen gelten mit kleinen Modifikationen immer dann, wenn die Form Q bei beliebigem Grundkörper P eine der beiden Gestalten

$$(27) \qquad Q_2 = \varphi(\xi_1, \xi_2) + \varphi(\xi_3, \xi_4) + \varphi(\xi_5, \xi_6)$$
$$(28) \qquad Q_3 = \varphi(\xi_1, \xi_2) + \xi_3 \xi_4 + \xi_5 \xi_6$$

hat, wo φ eine in P unzerlegbare quadratische Form ist. Die zugehörige Form (23) hat im ersten Fall (27) die Gestalt (25), im zweiten Fall (28) die Gestalt

$$(29) \qquad x_1 \bar{x}_2 - x_2 \bar{x}_1 + x_4 \bar{x}_3 - x_3 \bar{x}_4.$$

Man erhält also bei Q_2 immer eine *unitäre* Gruppe, bei Q_3 eine *hyperabelsche* Gruppe. Geht man zu derjenigen Untergruppe *PSU* bzw. *PSH* über, deren Elemente die Form (25) bzw. (29) absolut-invariant lassen und die Determinante Eins haben, so entspricht ihr in der Isomorphie auch eine Untergruppe PO' mit abelscher Faktorgruppe:

$$(30) \qquad PO'(6, \mathsf{P}, Q_2) \cong PSU(4, \mathsf{K})$$
$$(31) \qquad PO'(6, \mathsf{P}, Q_3) \cong PSH(4, \mathsf{K}).$$

Ist K ein Galois-Feld, so sind die Gruppen *PSU* und *PSH* rechter Hand nach § 5 zu einander isomorph. Die Formen Q_1 und Q_2 (oder auch Q_1 und Q_3) mit Diskriminanten -1 und $-\nu$ erschöpfen auch schon alle Typen von quadratischen Formen über einem Galois-Feld $GF(q)$. Dasselbe gilt auch für vollkommene Körper der Charakteristik 2, wo Q_1 und Q_3 zu den Gruppen J_0 und J_λ gehören. Ist P der Körper der reellen Zahlen, so haben die Formen Q_2 und Q_3 die Trägheitsindizes 0 und 2, die Form Q_1 den Index 3. Eine Form vom Trägheitsindex 1 kann mit derselben Methode behandelt werden: Man erhält die Gruppe der projektiven Transformationen, die mit einer Antikollineation der Gestalt

$$x_1' = \bar{x}_4, \quad x_2' = -\bar{x}_3, \quad x_3' = +\bar{x}_2, \quad x_4' = -\bar{x}_1$$

vertauschbar sind. Nach STUDY[63]) kann man diese Transformationen sehr elegant durch Quaternionenmatrizes darstellen.

Genau analog ist der Fall $n = 4$. Auch hier bringt man durch Einführung von neuen Veränderlichen

$$\omega_{ik} = d_{ik}{}^\nu \xi_\nu$$

die Form Q auf die Gestalt

$$Q = \omega_{11}\omega_{22} - \omega_{12}\omega_{21},$$

sucht dann zur Kollineation

$$\xi_\nu' = \xi_\nu{}^S$$

eine entsprechende halblineare Transformation C_S der λ und μ und bildet schließlich die Gruppe der mit C_S vertauschbaren Paare von projektiven Transformationen der Parameterverhältnisse $\lambda_1 : \lambda_2$ und $\mu_1 : \mu_2$.

Es kommen außer (1) vor allem zwei Gestalten der Form Q in Betracht:

$$(32) \qquad Q_2 = \xi_1 \xi_2 + \varphi(\xi_3, \xi_4)$$

$$(33) \qquad Q_3 = \varphi(\xi_1, \xi_2) + \varphi(\xi_3, \xi_4).$$

Beim Körper der reellen Zahlen sind Q_1, Q_2, Q_3 typische Formen der Trägheitsindizes 2, 1 und 0. Beim Galois-Feld $GF(q)$ erschöpfen Q_1 und Q_2 schon die möglichen Fälle (Diskriminante ein Quadrat bzw. Nichtquadrat).

Im Fall der Form Q_2 wird C_S die Transformation

$$\begin{cases} \lambda_1' = \mu_1{}^S \\ \lambda_2' = \mu_2{}^S \end{cases} \qquad \begin{cases} \mu_1' = \lambda_1{}^S \\ \mu_2' = \lambda_2{}^S. \end{cases}$$

Damit ein Paar von binären projektiven Transformationen A, B mit C_S vertauschbar sei, muß für ihre Matrices gelten

$$B = \varrho A^S,$$

während A willkürlich bleibt. Statt des direkten Produktes $PGL(2, \mathsf{K})$ $\times PGL(2, \mathsf{K})$ in der zu Anfang dieses Paragraphen erwähnten Isomorphie erhält man also jetzt nur die eine Gruppe $PGL(2, \mathsf{K})$. Die Untergruppe $PO(4, \mathsf{P}, Q_2)$ wird isomorph der Gruppe derjenigen Transformationen aus $PGL(2, \mathsf{K})$, deren Determinanten α die Eigenschaft

$$\alpha\,\alpha^S = \varrho^{-2} = \text{Quadrat in } \mathsf{K}$$

haben. Im Fall des Galois-Feldes oder des Körpers der reellen Zahlen ist diese Bedingung automatisch erfüllt; also gilt in diesen beiden Fällen die Isomorphie

$$(34) \qquad\qquad PO(4, \mathsf{P}, Q_2) \cong PGL(2, \mathsf{K}).$$

Im reellen Fall ist die Gruppe linker Hand im wesentlichen die Lorentzgruppe der speziellen Relativitätstheorie.

Im Fall Q_3 wird C_S die Transformation

$$\begin{cases} \lambda_1' = \lambda_2{}^S \\ \lambda_2' = -\lambda_1{}^S \end{cases} \qquad \begin{cases} \mu_1' = \mu_2{}^S \\ \mu_2' = -\mu_1{}^S. \end{cases}$$

Die Bedingung, daß das Paar (A, B) mit dieser Transformation vertauschbar sein soll, liefert jetzt zwei getrennte Bedingungen für A und B. Die Bedingung für A heißt, daß $(\lambda_2{}^S, -\lambda_1{}^S)$ bis auf einen Faktor ebenso transformiert werden sollen wie λ_1, λ_2, oder daß die Form

$$(35) \qquad\qquad \lambda_1 \lambda_1{}^S + \lambda_2 \lambda_2{}^S$$

bis auf einen Faktor invariant bleiben soll. Entsprechend lautet die Bedingung für B. Wir haben es also mit zwei *erweiterten unitären Gruppen* zu tun. Durch Übergang zur engeren unitären Gruppe erhält man eine Untergruppe mit abelscher Faktorgruppe:

$$(36) \qquad PO'(4, \mathsf{P}, Q_3) \cong PSU(2, \mathsf{P}, \mathsf{K}) \times PSU(2, \mathsf{P}, \mathsf{K}).$$

Ist P der Körper der reellen Zahlen, so kann (wie oben) der Faktor, mit dem die Form (35) multipliziert wird, immer $= 1$ gewählt werden; in diesem Fall gilt also

$$(37) \qquad PO_1(4, \mathsf{K}) = PO(4, \mathsf{K}, Q_3) \cong PU(2, \mathsf{K}) \times PU(2, \mathsf{K}).$$

Man kann die unitären Transformationen in diesem Fall auch als *Quaternionen* schreiben:

$$A = \begin{pmatrix} \alpha+i\beta & \gamma+i\delta \\ -\gamma+i\delta & \alpha-i\beta \end{pmatrix} = \alpha\begin{pmatrix} 1 & 0 \\ 0 & 1 \end{pmatrix} + \beta\begin{pmatrix} i & 0 \\ 0 & -i \end{pmatrix} + \gamma\begin{pmatrix} 0 & 1 \\ -1 & 0 \end{pmatrix} + \delta\begin{pmatrix} 0 & i \\ i & 0 \end{pmatrix}$$

$$= \alpha I + \beta J + \gamma K + \delta L$$

und erhält dann ohne Mühe die bekannte zweideutige Darstellung der reellen vierdimensionalen Drehungen in der Form

$$X' = A X B^\dagger,$$

wo $X = \xi_1 I + \xi_2 J + \xi_3 K + \xi_4 L$ eine variable Quaternion und A und $B^\dagger$ Quaternionen von der Norm Eins sind[69]).

III. Wir kommen nun zu den Fällen $n = 3$ und $n = 5$. Sie werden einfach dadurch behandelt, daß die Gruppen $O(3, \mathsf{K}, Q)$ und $O(5, \mathsf{K}, Q)$ als Untergruppen von $O(4, \mathsf{K}, Q)$ bzw. $O(6, \mathsf{K}, Q)$ betrachtet werden. Da nach § 6 der Fall der Charakteristik 2 bei ungeradem n nicht interessant ist, so können wir die Form Q in den Fällen $n = 3$ und $n = 5$ in der Gestalt

$$Q = \alpha_1 \xi_1^2 + \alpha_2 \xi_2^2 + \xi_3^2 \quad \text{bzw.} \quad Q = \alpha_1 \xi_1^2 + \alpha_2 \xi_2^2 + \alpha_3 \xi_3^2 + \alpha_4 \xi_4^2 + \xi_5^2$$

annehmen. Man ergänzt nun Q zu einer quaternären bzw. senären Form Q^* durch Hinzufügung eines Gliedes $-\xi_4^2$ bzw. $-\xi_6^2$. Indem man nötigenfalls durch Adjunktion von $\sqrt{-\dfrac{\alpha_2}{\alpha_1}}$ und $\sqrt{-\dfrac{\alpha_4}{\alpha_3}}$ den Grundkörper P zu einem Körper K erweitert, kann man in K die Form Q^* auf die Gestalt

$$Q^* = -\omega_{11}\omega_{22} + \omega_{12}\omega_{21} \quad \text{bzw.} \quad Q^* = \pi_{12}\pi_{34} + \pi_{13}\pi_{42} + \pi_{14}\pi_{23}$$

bringen, wo

$$\omega_{12} = \xi_3 + \xi_4, \qquad \omega_{21} = \xi_3 - \xi_4$$

bzw.

$$\pi_{14} = \xi_5 + \xi_6, \qquad \pi_{23} = \xi_5 - \xi_6$$

gewählt werden kann. $O(3, \mathsf{K}, Q)$ ist nun diejenige Untergruppe von $O(4, \mathsf{K}, Q)$, die ξ_4, also auch $2\xi_4 = \omega_{12} - \omega_{21}$ invariant läßt. Ebenso ist $O(5, \mathsf{K}, Q)$ diejenige Untergruppe von $O(6, \mathsf{K}, Q)$, die $2\xi_6 = \pi_{14} - \pi_{23}$ invariant läßt. Sucht man zu diesen Untergruppen die ihnen isomorph entsprechenden projektiven Gruppen, Untergruppen von $PO(4, \mathsf{K}, Q)$ bzw. $PO(6, \mathsf{K}, Q)$ und dazu vermöge der oben besprochenen Isomorphismen wieder die entsprechenden Untergruppen von $PGL(2, \mathsf{K}) \times PGL(2, \mathsf{K})$ bzw. von $PGL(4, \mathsf{K})$, so findet man schließlich im Fall $n = 3$ die Gruppe derjenigen Paare von projektiven Transformationen von $\lambda_1 : \lambda_2$ und $\mu_1 : \mu_2$, welche die Form

$$(38) \qquad \lambda_1\mu_2 - \lambda_2\mu_1$$

bis auf einen Faktor invariant lassen, im Fall $n = 5$ ebenso diejenige quaternäre projektive Gruppe, welche die Form

$$(39) \qquad (x_1 y_4 - x_4 y_1) + (x_3 y_2 - x_2 y_3)$$

bis auf Faktoren invariant läßt.

Die Invarianz der Form (38) besagt, daß $\mu_1 : \mu_2$ genau so transformiert werden soll wie $\lambda_1 : \lambda_2$; es gilt also die Isomorphie

$$(40) \qquad O(3, \mathsf{K}, Q) \cong PGL(2, \mathsf{K}).$$

[69]) A. Cayley: J. reine angew. Math. **50** (1885) 312—313. Vgl. auch F. Klein: Math. Ann. **37** (1890) 546—554 sowie J. Bouman: Nieuw Arch. Wiskde (2) **17** (1932) 240—266.

Man kann diese auch direkt aus der Parameterdarstellung des Kegelschnittes $Q = 0$ entnehmen. Die projektiven Transformationen des Kegelschnittes in sich induzieren nämlich gebrochen-lineare Parametertransformationen und umgekehrt.

Die Bedingung der Invarianz von (39) bis auf einen Faktor definiert eine Erweiterung der Komplexgruppe. Beschränkt man sich auf diejenigen Transformationen, welche die Form (39) absolut invariant lassen, so erhält man einen Normalteiler mit abelscher Faktorgruppe:

$$(41) \qquad\qquad O'(5, \mathsf{K}, Q) \cong PC(4, \mathsf{K}).$$

Die Rückkehr von dem Oberkörper K zu einem Unterkörper P kann, wenn nötig, nach dem unter II für $n = 4$ und $n = 6$ erklärten Verfahren ausgeführt werden. Im Fall des Galois-Feldes ist der Übergang nicht nötig, ebensowenig im Fall der reellen „hyperbolischen Bewegungsgruppe":

$$Q = -\xi_1{}^2 + \xi_2{}^2 + \xi_3{}^2.$$

Im Fall des Körpers der reellen Zahlen und der Form

$$Q = \xi_1{}^2 + \xi_2{}^2 + \xi_3{}^2$$

erhält man die bekannte Isomorphie (vgl. den Anfang dieses Paragraphen)

$$(42) \qquad\qquad O_1(3, \mathsf{K}) \cong PSU(2, \mathsf{P}, \mathsf{K}).$$

§ 8. Lineare Gruppen im komplexen Zahlkörper. Reduzible und irreduzible, primitive, imprimitive und monomiale Gruppen.

Die Gruppen linearer Substitutionen mit komplexen Zahlenkoeffizienten, im folgenden kurz *lineare Gruppen* genannt, sind nur dann einigermaßen zu übersehen, wenn man sich auf *abgeschlossene* Gruppen beschränkt, d. h. auf solche Gruppen von Matrizes, welche alle ihre Häufungselemente enthalten, soweit diese nicht singulär sind. Nach einem Satz von J. v. Neumann [70]) ist jede abgeschlossene lineare Gruppe $\mathfrak{G}$ folgendermaßen beschaffen: $\mathfrak{G}$ enthält eine r-gliedrige kontinuierliche (Liesche) Untergruppe $\mathfrak{H}$, Normalteiler von $\mathfrak{G}$, und die Nebenklassen von $\mathfrak{H}$ sind alle voneinander isoliert, d. h. keine enthält Häufungselemente der Vereinigungsmenge der anderen. Dieser Satz ist ein Spezialfall eines Satzes über abgeschlossene Untergruppen von Lieschen Gruppen, den E. Cartan [71]) sehr einfach bewiesen hat. Die beiden Extremfälle bei den abgeschlossenen linearen Gruppen sind also: die *kontinuierlichen* Gruppen, wo $\mathfrak{H} = \mathfrak{G}$ ist, und die *diskreten* (oder *diskontinuierlichen*), wo $\mathfrak{H}$ nur aus dem Eins-Element I besteht. Eine Gruppe heißt demnach *diskret*, wenn das Eins-Element (und damit auch jedes andere

---

[70]) J. v. Neumann: Math. Z. **30** (1929) 3—42.
[71]) E. Cartan: Mém. Sci. math. **42** (1930), insbesondere § 27.

Gruppenelement) nicht Häufungselement von anderen Gruppenelementen ist[72]).

Die Struktur der kontinuierlichen Gruppen wird in der LIEschen Theorie untersucht, über welche ein anderes Heft dieser Ergebnisse berichten wird. Wir begnügen uns daher hier mit dem Hinweis, daß eine r-gliedrige kontinuierliche lineare Gruppe durch r linear-unabhängige Matrices $A_1, \ldots, A_r$, die Matrices der „infinitesimalen Erzeugenden" in der Weise bestimmt wird, daß die r eingliedrigen Untergruppen, die von den Matrices $e^{t A_i}$ $(i = 1, 2, \ldots, r)$ gebildet werden, wo t alle reellen Zahlen durchläuft, zusammen die r-gliedrige Gruppe erzeugen. Jedes Gruppenelement in der Umgebung der Eins läßt sich „kanonisch" durch

$$e^{t_1 A_1 + \cdots + t_r A_r}$$

darstellen. Dabei ist e^A durch die Exponentialreihe definiert. Die Matrices $A_1, \ldots, A_r$ müssen die Relationen

$$A_i A_k - A_k A_i = \sum c_{ik}{}^l A_l$$

erfüllen, wobei die reellen Konstanten $c_{ik}{}^l$ nur von der „Struktur" der Gruppe abhängen, d. h. dieselben sind für zwei Gruppen, welche „im kleinen stetig isomorph" sind[71]). Besonders wichtig sind die *halbeinfachen* kontinuierlichen Gruppen, d. h. die, welche keine auflösbaren kontinuierlichen Normalteiler enthalten. Die Strukturen dieser Gruppen hat E. CARTAN[73]) vollständig aufgezählt, und auch ihre Darstellungen durch lineare Transformationen sind im Prinzip alle bekannt[74]).

Eine diskrete lineare Gruppe mit beschränkten Matrixelementen ist offenbar endlich; insbesondere ist also eine diskrete Gruppe von unitären Transformationen immer endlich. Von diesem Satz gilt die folgende Umkehrung:

Jede endliche lineare Gruppe läßt eine positiv-definite HERMITE*sche Form* $\sum \sum \alpha_{ik} \xi_i \bar{\xi}_k$ *invariant.* Zum Beweise braucht man nach R.L.MOORE[75]) nur die Form $\sum \xi_i \bar{\xi}_i$ allen Transformationen der Gruppe zu unterwerfen und die Summe zu bilden. Dieselbe Beweismethode gilt, wenn man nach HURWITZ[76]) die Summation durch eine geeignete Integration über die Gruppe ersetzt, auch für kompakte kontinuierliche Gruppen, sogar nach

---

[72]) Es hat nur dann einen Sinn von einer diskreten Gruppe zu reden, wenn eine Topologie in der Gruppe definiert ist (wie es bei linearen Gruppen ja der Fall ist). Es hat keinen Sinn, eine abstrakte Gruppe diskret oder diskontinuierlich zu nennen.

[73]) E. CARTAN: Thèse. Paris 1894 (2. Aufl. Paris 1933) — Ann. École norm. **31** (1914) 263—355. Vgl. auch VAN DER WAERDEN: Math. Z. **37** (1933) 446—462 u. W. LANDHERR: Abh. Math. Semin. Hamburg. Univ. **11** (1934) 41—64.

[74]) E. CARTAN: Bull Soc. Math. France **41** (1913) 53—96 — J. Math. pures appl. (6) **10** (1914) 149—186. — H. WEYL: Math. Z. **23** (1925) 271—309; **24** (1925) 328—395.

[75]) R. L. MOORE: Math. Ann. **50** (1898) 213—214. Dort weitere Literatur.

[76]) A. HURWITZ: Nachr. Ges. Wiss. Göttingen **1897** 71—90. Vgl. auch WEYL[74]).

HAAR[76a]) für beliebige kompakte Gruppen. Noch allgemeiner gilt: *Wenn die Matrixelemente einer linearen Gruppe $\mathfrak{G}$ gleichmäßig beschränkt sind, so besitzt $\mathfrak{G}$ eine invariante positive* HERMITE*sche Form.* Einen direkten Beweis gab H. AUERBACH[77]). Man kann den Satz aber auch aus dem obigen Satz über die Struktur der abgeschlossenen Gruppen herleiten, indem man die (kompakte) abgeschlossene Hülle von $\mathfrak{G}$ bildet, welche danach einen kontinuierlichen Normalteiler $\mathfrak{H}$ mit voneinander isolierten, also wegen der Kompaktheit nur endlich vielen Nebenklassen besitzt. Durch Integration über die Untergruppe $\mathfrak{H}$ und Summation über die Nebenklassen läßt sich dann der obige MOORE sche Beweis übertragen.

Da man jede positiv-definite HERMITE sche Form durch Einführung von neuen Koordinaten leicht in die Form

$$\sum_{1}^{n} \xi_i \bar{\xi}_i$$

transformieren kann (der Beweis ist ganz analog dem bekannten für quadratische Formen), so kann man sich bei der Diskussion der endlichen (oder allgemeiner der beschränkten) linearen Gruppen immer auf Gruppen von unitären Transformationen beschränken. Bei reellen endlichen Gruppen kann man die HERMITE sche Form durch die entsprechende quadratische ersetzen, also die Transformationen der Gruppe als orthogonal annehmen.

Eine lineare Gruppe heißt *reduzibel* (oder in einer mit Recht außer Gebrauch geratenen Bezeichnung: intransitiv), wenn sie einen echten linearen Teilraum E_m des Vektorraumes E_n ($0 < m < n$) invariant läßt. Aus der Existenz einer invarianten HERMITE SCHEN Form folgt unmittelbar der *Satz von* MASCHKE[78]): *Ist eine endliche (oder allgemeiner eine beschränkte) lineare Gruppe reduzibel, so läßt der Vektorraum E_n sich in zwei invariante Teilräume zerlegen: $E_n = E_m + E_{n-m}$[79]). E_{n-m}* ist nämlich der zu E_m „total senkrechte" Raum bei der durch die HERMITE sche Form bestimmten Metrik.

Auf die allgemeinen Eigenschaften reduzibler und irreduzibler linearer Gruppen (in beliebigen Körpern) kommen wir in § 11—15 zurück. Eine irreduzible *kontinuierliche* lineare Gruppe ist nach E. CARTAN[80]) entweder halbeinfach oder Produkt eines halbeinfachen Normalteilers mit einer abelschen kontinuierlichen Gruppe, bestehend aus Vielfachen λI der Identität. Da man die halbeinfachen linearen Gruppen im Prinzip kennt (siehe oben), so sind auch alle irreduziblen kontinuierlichen Gruppen im Prinzip bekannt.

[76a]) A. HAAR: Ann. of Math., II. s. **34** (1933) 147—169.

[77]) H. AUERBACH: C. R. Acad. Sci., Paris **195** (1932) 1367.

[78]) H. MASCHKE: Math. Ann. **52** (1899) 363—368.

[79]) + heißt direkte Summe (im Sinne der additiven Gruppen).

[80]) E. CARTAN: Ann. École norm. **26** (1909) 147—148 — Bull. Soc. Math. France **41** (1913) 53—96.

Eine lineare Gruppe heißt *imprimitiv*, wenn es eine Zerlegung des Raumes E_n in Teilräume $E_h + E_k + \cdots + E_l$ gibt, welche bei der Gruppe nur untereinander permutiert werden; sonst *primitiv*. Ist die Gruppe $\mathfrak{G}$ irreduzibel, aber imprimitiv, so ist $h = k = \cdots = l$. Ist insbesondere $h = k = \cdots = l = 1$, so heißt die Gruppe *monomial*.

Eine imprimitive Gruppe $\mathfrak{G}$ besitzt einen reduziblen Normalteiler $\mathfrak{H}$, welcher die Räume E_h, E_k, ..., E_l einzeln invariant läßt. $\mathfrak{G}/\mathfrak{H}$ ist isomorph einer Permutationsgruppe. Ist $\mathfrak{G}$ monomial, so ist $\mathfrak{H}$ abelsch. Besitzt umgekehrt eine lineare Gruppe $\mathfrak{G}$ irgendeinen abelschen Normalteiler $\mathfrak{H}$, der nicht aus lauter λI besteht, so ist $\mathfrak{G}$ imprimitiv. Der Beweis ergibt sich leicht daraus, daß man die Transformationen von $\mathfrak{H}$ alle gleichzeitig auf Diagonalform bringen kann. Es folgt: *Eine lineare Gruppe ist imprimitiv, wenn sie einen endlichen abelschen Normalteiler enthält, der nicht im Zentrum enthalten ist.* Weitere Sätze über imprimitive Gruppen und ihre Normalteiler haben H. F. BLICHFELDT[81] und K. SHODA[82] aufgestellt.

Aus dem eben formulierten Kriterium für Imprimitivität folgert man leicht, daß eine lineare Gruppe von Primzahlpotenzordnung stets monomial ist[83]; ebenso, daß jede zweistufige (metabelsche) lineare Gruppe[84] und insbesondere jede lineare Gruppe von quadratfreier Ordnung monomial ist[85]. Die Beweismethode ist immer dieselbe: Der triviale abelsche Fall wird vorweggenommen. Im nichtabelschen Fall existiert ein abelscher Normalteiler, der nicht im Zentrum enthalten ist. Daraus folgt die Imprimitivität, also die Existenz einer invarianten Zerlegung $E_n = E_h + E_k + \cdots$. Beschränkt man sich dann auf die Untergruppe, die E_h invariant läßt, so ist diese aus demselben Grunde in E_h wieder imprimitiv; also kann man E_h und entsprechend E_k, ... weiter zerlegen, bis man eine invariante Zerlegung in eindimensionale Teilräume erhalten hat.

Nach C. JORDAN[86] besitzt jede endliche lineare Gruppe $\mathfrak{G}$ einen abelschen Normalteiler $\mathfrak{H}$, dessen Index i eine nur von n abhängige Schranke nicht übersteigt. Die Ordnung von $\mathfrak{G}$ ist also gleich der Ordnung h von $\mathfrak{H}$, multipliziert mit der beschränkten Zahl i. Ist insbesondere $\mathfrak{G}$ primitiv, so besteht $\mathfrak{H}$ nach den obigen Sätzen nur aus Vielfachen der Identität, also ist dann die Ordnung der $\mathfrak{G}$ entsprechenden projektiven Gruppe beschränkt (nämlich gleich i).

---

[81] H. F. BLICHFELDT: Trans. Amer. Math. Soc. **4** (1903) 387—397; **5** (1904) 310—325.

[82] K. SHODA: J. Fac. Sci. Univ. Tokyo **2** (1931) 180—209.

[83] Siehe Fußnote [81]. Vgl. auch MILLER-BLICHFELDT-DICKSON: Theory and applications of finite groups. New York 1916.

[84] K. TAKETA: Proc. Imp. Acad. Tokyo **6** (1930) 31—33.

[85] W. BURNSIDE: Messenger Math. (2) **35** (1906) 46—50.

[86] C. JORDAN: J. reine angew. Math. **84** (1878) 89—215.

L. Bieberbach[87]) hat einen einfacheren Beweis des eben genannten Satzes von Jordan mit expliziter Schrankenangabe gegeben, der von G. Frobenius[88]) vereinfacht und von A. Speiser[89]) verschärft wurde. Die erwähnten Beweise beruhen alle darauf, daß zwei Substitutionen in einer endlichen linearen Gruppe, die der Einheit genügend benachbart sind, notwendig vertauschbar sind. Frobenius[90]) gab die schärfste Fassung dieses „hinreichend benachbart“: es genügt, daß die charakteristischen Wurzeln der einen Substitution nicht ganz den sechsten Teil und die der anderen nicht ganz die Hälfte des Einheitskreises einnehmen.

Scharfe Schranken für die Ordnung einer primitiven unimodularen linearen Gruppe und für die darin aufgehenden Primzahlpotenzen hat H. F. Blichfeldt[91]) aufgestellt. Seine Methode beruht auf der arithmetischen Diskussion einer algebraischen Gleichung, welche, wenn Σ und T beliebige Elemente der Gruppen sind, die Spuren der Transformationen Σ, ΣT, ΣT^2, ..., ΣT^{n-1} und $\Sigma T^r (r > n - 1)$ miteinander und mit den charakteristischen Wurzeln von T verbindet. Dieselbe Methode liefert auch einen anderen Beweis des obigen Satzes von Jordan.

Die Sätze von Maschke und Jordan sind von I. Schur[92]) auf unendliche Gruppen von periodischen linearen Substitutionen (d. h. von linearen Substitutionen endlicher Ordnung) übertragen worden. Über diese Gruppen siehe weiter W. Burnside: Proc. London Math. Soc. (2) **3** (1905) 435—440. Für eine andere Verallgemeinerung der endlichen linearen Gruppen siehe A. Loewy: Math. Ann. **64** (1907), 264—272.

Mit arithmetischen Methoden hat I. Schur[93]) bewiesen, daß die Ordnung einer endlichen Gruppe gegebenen Grades beschränkt ist, sobald gegeben ist, welchem Kreiskörper die Spuren der Gruppenelemente angehören.

§ 9. Endliche lineare Gruppen gegebenen Grades.

Bei der Aufstellung aller endlichen linearen Gruppen gegebenen Grades (d. h. gegebener Dimensionszahl) über dem Körper der komplexen Zahlen beschränkt man sich zweckmäßig auf lineare Transformationen mit Determinante 1 (oder evtl. ± 1). Diese Einschränkung werden wir im folgenden stillschweigend machen. Auch werden wir die Trans-

---

[87]) L. Bieberbach: S.-B. preuß. Akad. Wiss. **1911** 231—240.

[88]) G. Frobenius: S.-B. preuß. Akad. Wiss. **1911** 241—248.

[89]) A. Speiser: Theorie der Gruppen von endlicher Ordnung, 2. Aufl. Berlin 1927, § 68.

[90]) S.-B. preuß. Akad. Wiss. **1911** 373—378.

[91]) H. F. Blichfeldt: Trans. Amer. Math. Soc. **4** (1903) 387—397; **5** (1904) 310—325; **12** (1911) 39—42.

[92]) I. Schur: S.-B. preuß. Akad. Wiss. **1911** 619—627.

[93]) I. Schur: S.-B. preuß. Akad. Wiss. **1905** 77—91.

formationen gemäß § 8 alle als unitär (bzw. bei reellen Gruppen als orthogonal) annehmen.

Zu jeder linearen Gruppe $\mathfrak{G}$ gehört eine projektive Gruppe $\mathfrak{G}'$: die Faktorgruppe von $\mathfrak{G}$ nach der Untergruppe der Transformationen λI in $\mathfrak{G}$. Der Aufstellung der linearen Gruppen eines gegebenen Grades geht meistens die Aufstellung der zugehörigen projektiven Gruppen voran. Zu jeder solchen projektiven Gruppe $\mathfrak{G}'$ gibt es eine größte zugehörige lineare Gruppe $\mathfrak{G}$, bestehend aus allen linearen Substitutionen mit Determinante 1, deren zugehörige projektive Transformationen in $\mathfrak{G}'$ liegen. Diese Gruppe ist n-stufig homomorph auf $\mathfrak{G}'$ abgebildet, da jeder projektiven Transformation n lineare mit Determinante 1 entsprechen. Alle linearen Gruppen, denen dieselbe projektive Gruppe $\mathfrak{G}'$ entspricht, sind in dieser einen Gruppe $\mathfrak{G}$ enthalten.

Die endlichen *binären* projektiven Gruppen hat F. KLEIN [94]) bestimmt, indem er vermöge der in § 7 besprochenen Isomorphie $O(3, \mathrm{P}) \cong PU(2, \mathrm{K})$ die binären projektiven Gruppen auf ternäre reelle Drehungsgruppen zurückführt. Er findet so die bekannten Typen: zyklische Gruppen, Diedergruppen, Tetraedergruppe, Oktaedergruppe, Ikosaedergruppe. Eine sehr einfache direkte Herleitung dieser Typen gab H. H. MITCHELL [95]). Zu allen diesen projektiven Gruppen gehören nach dem früher Bemerkten binäre lineare Gruppen von der doppelten Ordnung. Nur zu den zyklischen und den Diedergruppen gehören auch lineare Gruppen derselben Ordnung. Andere endliche binäre lineare Gruppen mit Determinante 1 gibt es nicht.

Die endlichen ternären projektiven Gruppen sind von C. JORDAN [96]) und H. VALENTINER [97]) unvollständig, von H. F. BLICHFELDT [98]) vollständig aufgestellt worden [vgl. auch H. H. MITCHELL [95])]. Da die imprimitiven Gruppen entweder reduzibel oder monomial, also relativ leicht zu finden sind, genügt es, die primitiven Gruppen anzugeben. Diese sind:

1. die projektive ternäre Ikosaedergruppe G_{60}, die der reellen orthogonalen Ikosaedergruppe entspricht;

2. die von JORDAN so genannte „HESSEsche Gruppe" G_{216}, welche die Wendepunktskonfiguration einer ebenen Kurve dritter Ordnung in sich überführt [99]);

3. ein Normalteiler G_{72} von G_{216}[99]);

---

[94]) F. KLEIN: Math. Ann. **9** (1876) 183—208.

[95]) H. H. MITCHELL: Trans. Amer. Math. Soc. **12** (1911) 208—211.

[96]) C. JORDAN: J. reine angew. Math. **84** (1878) 89—215.

[97]) H. VALENTINER: Skr. Widensk.-Selsk. Kopenhagen (6) **5** (1889) 64—235.

[98]) H. F. BLICHFELDT: Trans. Amer. Math. Soc. **5** (1904) 321—325 — Math. Ann. **63** (1907) 552—572.

[99]) Für eine genauere Diskussion dieser Gruppen verweisen wir auf den Encyklopädiebericht von A. WIMAN: Endliche Gruppen linearer Substitutionen. Enc. math. Wiss. I B 3f. Vgl. auch K. RÖSSLER: Čas. pěst. Mat. a Fys. **60** (1931) 166—172.

4. ein Normalteiler G_{36} von G_{216}[99]);

5. eine von KLEIN[100]) entdeckte, zu $PSL\,(2,\,7)$ isomorphe Gruppe G_{168};

6. eine von VALENTINER[97]) entdeckte, nach WIMAN[101]) zu der alternierenden Gruppe $\mathfrak{A}_6$ isomorphe Gruppe G_{360}.

Diesen projektiven Gruppen entsprechen natürlich lineare Gruppen von der dreifachen Ordnung, deren 3-homomorphe Bilder sie sind. Nur zu den Gruppen G_{168} und G_{60} gibt es 1-isomorphe lineare Gruppen.

Die endlichen reellen (orthogonalen) quaternären projektiven Gruppen hat E. GOURSAT[102]) bestimmt. Auf Grund des in § 7 erörterten Isomorphismus

$$PO\,(4,\,\mathsf{P}) \cong PU\,(2,\,\mathsf{K}) \times PU\,(2,\,\mathsf{K})$$

kommt die Bestimmung der endlichen reellen quaternären Gruppen auf die Bestimmung aller Gruppen von Paaren von binären unitären Substitutionen hinaus. GOURSAT hat auch alle Erweiterungen der gefundenen Gruppen mit orthogonalen Substitutionen von der Determinante -1 angegeben. W. THRELFALL und H. SEIFERT[103]) haben die orthogonalen linearen Gruppen bestimmt, die zu den von GOURSAT bestimmten orthogonalen projektiven Gruppen mit der Determinante 1 gehören. Unter diesen Gruppen befinden sich natürlich auch die seit GOURSAT von verschiedenen Autoren[104]) von neuem aufgestellten Gruppen der Deckbewegungen der regelmäßigen Polytope des R_4.

Die komplexen quaternären primitiven Gruppen hat H. F. BLICHFELDT[105]) mit seinen in § 8 schon erwähnten arithmetischen Methoden aufgestellt. Mit geometrischen Methoden haben G. BAGNERA und H. H. MITCHELL[106]) die Bestimmung wiederholt. Unter den Gruppen sind bemerkenswert drei einfache Gruppen der Ordnungen 168, 2520 und 25 920[107]), eine von KLEIN[99]) entdeckte Gruppe der Ordnung $16 \cdot 720$ mit Normalteilern der Ordnungen $16 \cdot 360$ und 16, sowie zwei zu $\mathfrak{S}_6$ resp. $\mathfrak{A}_7$ isomorphe Gruppen und deren zu $\mathfrak{A}_6$, $\mathfrak{S}_5$ und $\mathfrak{A}_5$ isomorphe Untergruppen[108]). Eine Reihe von bemerkenswerten linearen Gruppen

[100]) F. KLEIN: Math. Ann. **14** (1879) 438.

[101]) A. WIMAN: Math. Ann. **47** (1896) 531—556.

[102]) E. GOURSAT: Ann. École norm. (3) **6** (1889) 9—102. Vgl. auch G. BAGNERA: Rend. Circ. mat. Palermo **15** (1901) 161—309.

[103]) W. THRELFALL u. H. SEIFERT: Math. Ann. **104** (1931) 1—70.

[104]) Von den neueren seien nur erwähnt: D. E. LITTLEWOOD: Proc. London Math. Soc. **32** (1930) 10—20. — J. A. TODD: Proc. Cambridge Philos. Soc. **27** (1931) 212—231.

[105]) H. F. BLICHFELDT: Trans. Amer. Math. Soc. **6** (1905) 230—236 — Math. Ann. **60** (1905) 204—231.

[106]) G. BAGNERA: Rend. Circ. mat. Palermo **19** (1905) 1—56. — H. H. MITCHELL: Trans. Amer. Math. Soc. **14** (1913) 123—142.

[107]) Vgl. A. WITTING: Diss. Göttingen 1887; siehe auch den Encyklopädiebericht I B 3f von A. WIMAN, Nr 23.

[108]) Siehe H. MASCHKE: Math. Ann. **51** (1899) 253—298 sowie A. WIMAN: Math. Ann. **52** (1899) 243—270.

in mehr als vier Variablen haben W. BURNSIDE[109]) und H. H. MITCHELL[110])
angegeben. Über die Gruppen der regulären Polytope (Simplex und
Hyperoktaeder) in $n > 4$ Dimensionen siehe unter [104]) und [111]).

Die auflösbaren linearen Gruppen von Primzahlgrad kann man nach
BURNSIDE[111a]) erschöpfend bestimmen. Weitere Sätze über die Struktur
der endlichen Gruppen von Primzahlgrad findet man bei K. SHODA[82]).

§ 10. Unendliche diskrete Gruppen von gebrochen-linearen Transformationen, insbesondere diskrete Bewegungsgruppen.

Für die ältere Literatur über diesen Gegenstand verweisen wir ein
für allemal auf den Encyklopädiebericht von FRICKE über automorphe
Funktionen[112]).

Eine Gruppe $\mathfrak{G}$ von eineindeutigen stetigen Transformationen heißt
in einem Raumgebiet D *eigentlich-diskontinuierlich*, wenn jeder Punkt P
des Gebietes D eine Umgebung U besitzt, welche nur mit endlich
vielen Bildumgebungen SU (S aus $\mathfrak{G}$ Punkte gemeinsam hat[113]). Die
Gruppe ist dann offenbar diskret, jedoch ist nicht jede diskrete Gruppe
eigentlich-diskontinuierlich (Beispiele weiter unten).

Unter einem *Fundamentalbereich* oder *Diskontinuitätsbereich* einer in
D eigentlich-diskontinuierlichen Gruppe versteht man eine zu ihren
Bildmengen fremde offene Menge, welche im Innern oder auf ihrem
Rande zu jedem Punkt P von D einen äquivalenten Punkt SP enthält.
Nach BAER und LEVI[114]) existiert stets dann ein Fundamentalbereich,
wenn man außer der eigentlichen Diskontinuität der Gruppe noch
fordert, daß es zu je zwei nicht äquivalenten Punkten P und Q Um-
gebungen $U(P)$ und $U(Q)$ gibt, so daß die Bilder von $U(P)$ nicht in
$U(Q)$ eindringen. Bei einer eigentlich-diskontinuierlichen Gruppe von
hyperbolischen, euklidischen oder elliptischen Bewegungen ist die
Gesamtheit der Punkte, die von einem festen Punkt P_0 in D einen

---

[109]) W. BURNSIDE: Proc. London Math. Soc. (2) **10** (1911) 284—308.

[110]) H. H. MITCHELL: Trans. Amer. Math. Soc. **16** (1914) 1—12.

[111]) G. DE B. ROBERTSON: Proc. Cambridge Philos. Soc. **26** (1930) 94—98. —
D. M. Y. SOMMERVILLE: Proc. London Math. Soc. (2) **35** (1933) 101—115.

[111a]) W. BURNSIDE: Acta math. **27** (1903) 217—224.

[112]) R. FRICKE: Enc. math. Wiss. IIB 4 (1913).

[113]) Diese Definition, die ich aus dem Buch von FUBINI[117]) entnehme, ist
etwas schärfer als die ursprünglich von POINCARÉ[115]) gegebene, welche nur verlangt, daß der Punkt P nicht Häufungspunkt seiner Bildpunkte SP ist.
Beispiel: Die projektiven Transformationen

$$A = \begin{pmatrix} \tfrac{1}{2} & 0 & 0 \\ 0 & 1 & 0 \\ 0 & 0 & 2 \end{pmatrix} \quad \text{und} \quad B = \begin{pmatrix} 0 & 0 & 1 \\ 0 & 1 & 0 \\ 1 & 0 & 0 \end{pmatrix}$$

erzeugen eine Gruppe, die in der Umgebung des Punktes $(1, 1, 0)$ im Sinne
von POINCARÉ, aber nicht im Sinne von FUBINI eigentlich diskontinuierlich ist.

[114]) R. BAER u. F. LEVI: Math. Z. **34** (1931) 110—130.

kleineren Abstand haben wie von allen Bildpunkten von P_0 ein von Hyperebenen begrenzter, *normaler Fundamentalbereich.* Eine eigentlich diskontinuierliche Gruppe von gebrochen-linearen Substitutionen einer komplexen Veränderlichen besitzt einen von Kreisen berandeten Fundamentalbereich[115]).

P. J. MYRBERG[116]) hat mit Rücksicht auf die Theorie der automorphen Funktionen von mehreren Veränderlichen eine Verschärfung des Begriffs der eigentlichen Diskontinuität eingeführt. Eine diskrete Transformationsgruppe heißt nach MYRBERG *normal-diskontinuierlich* in D, wenn es in jeder unendlichen Folge von Transformationen der Gruppe eine Teilfolge (S_ν) gibt, die in jedem abgeschlossenen Teilbereich von D gleichmäßig konvergiert. Die Grenztransformation, gegen welche die Folge konvergiert, gehört nicht zur Gruppe und ist nicht einmal eineindeutig, da sonst $S_\nu^{-1} S_{\nu-1}$ gegen I konvergieren würde, was in einer diskreten Gruppe unmöglich ist. Im Fall einer projektiven Gruppe sind die Grenztransformationen singuläre lineare Transformationen

$$\xi_i' = \sum \alpha_{ik} \xi_k \quad \text{mit} \quad |\alpha_{ik}| = 0,$$

welche alle Punkte des Raumes P_{n-1}, mit Ausnahme der Punkte eines linearen Unterraumes $\overline{M}_{n-\varrho}$ (dessen Gleichungen lauten $\sum \alpha_{ik} \xi_k = 0$), in die Punkte eines linearen Raumes $M_{\varrho-1}$ überführen, wo ϱ der Rang der Matrix (α_{ik}) ist. Die Räume $M_{\varrho-1}$ und $\overline{M}_{n-\varrho}$ heißen das *erste* und das *zweite Grenzelement* der Folge (S_ν). Wenn die inverse Folge (S_ν^{-1}) wieder konvergiert, so ist ihr erstes Grenzelement in $\overline{M}_{n-\varrho}$ enthalten, während ihr zweites Grenzelement $M_{\varrho-1}$ umfaßt.

Eine diskrete Gruppe von projektiven Transformationen ist in D normal-diskontinierlich, wenn die zweiten Grenzelemente $\overline{M}_{n-\varrho}$ der konvergenten Folgen (S_ν) aus der Gruppe keinen Punkt von D enthalten. Der *Bereich der normalen Diskontinuität* einer diskreten projektiven Gruppe ist also die Gesamtheit der Punkte, die keinem $\overline{M}_{n-\varrho}$ (und folglich auch keinem $M_{\varrho-1}$) angehören.

Für $n = 2$, also für den Fall der gebrochen-linearen Substitutionen einer reellen oder komplexen Veränderlichen, fällt der Begriff der normalen Diskontinuität mit dem der eigentlichen Diskontinuität zusammen. Im allgemeinen Fall folgt aus der normalen Diskontinuität die eigentliche, aber nicht umgekehrt: *Der Bereich D der normalen Diskontinuität ist ein Teil des Bereiches der eigentlichen Diskontinuität.* Beweis: Ein Punkt P von D hat eine Umgebung U, deren abgeschlossene Hülle noch zu D gehört. Hätten unendlich viele Bilder SU noch Punkte mit U gemeinsam, so könnte man eine konvergente Folge (S_ν) aus den S auswählen. Da U vom zweiten Grenzelement $\overline{M}_{n-\varrho}$ dieser Folge getrennt

---

[115]) H. POINCARÉ: Acta math. **3** (1883) 49—92. Einen sehr einfachen Beweis gab R. L. FORD in seinem Buch Automorphic functions. New York 1929.

[116]) P. J. MYRBERG: Acta math. **46** (1925) 215—336. Vgl. auch Math. Ann. **93** (1924) 61—97 und Math. Z. **21** (1924) 224—253.

liegt, streben die Bildmengen $S_\nu U$ nach $M_{\varrho-1}$ hin; mithin können doch nicht alle $S_\nu U$ Punkte mit U gemeinsam haben.

Genau analog beweist man, daß auch die oben zitierte BAER-LEVIsche Bedingung für die Existenz eines Fundamentalbereichs bei normaldiskontinuierlichen Gruppen immer erfüllt ist.

Nach MYRBERG[116]) ist eine diskrete projektive Gruppe unter anderem dann normal-diskontinuierlich im Bereich D, wenn D bei der Gruppe invariant bleibt und mit einem System von n nicht durch einen Punkt gehenden Hyperflächen keine Punkte gemein hat. Letzteres ist insbesondere dann der Fall, wenn der invariante Bereich D ganz im Endlichen liegt.

Die reellen diskreten projektiven Gruppen, die eine indefinite quadratische Form vom Trägheitsindex 1 oder 2 invariant lassen, besitzen im reellen P_{n-1} ein Gebiet der normalen Diskontinuität. Insbesondere ist *eine diskrete Gruppe von hyperbolischen Bewegungen im ganzen Inneren der quadratischen Fundamentalfläche normal-diskontinuierlich*[117]). Ebenso sind die komplexen diskreten projektiven Gruppen, die eine HERMITEsche Form

$$H = \bar{\xi}_1\xi_1 + \bar{\xi}_2\xi_2 + \cdots + \bar{\xi}_{n-1}\xi_{n-1} - \bar{\xi}_n\xi_n$$

invariant lassen, im Gebiet $H < 0$ (und für $n = 2$ auch im Gebiet $H > 0$) normal-diskontinuierlich. Man nennt diese Gruppen für $n = 2$ *fuchssche*, für $n > 2$ *hyperfuchssche Gruppen*. Weitere Beispiele von normal-diskontinuierlichen Gruppen, insbesondere auch von solchen, die keinen Bereich D invariant lassen, findet man bei MYRBERG[116]). Ich füge noch hinzu, daß *die diskreten Gruppen von reellen euklidischen Bewegungen*

$$\begin{cases} \xi_i' = \sum \alpha_{ik}\xi_k + \gamma_i\xi_0 \\ \xi_0' = \xi_0 \end{cases} \qquad (\alpha_{ik})\ \text{orthogonal}$$

im Bereich des Endlichen ($\xi_0 \neq 0$) *alle normal-diskontinuierlich sind*. Eine konvergente Folge von solchen Bewegungen konvergiert nämlich immer wieder gegen eine nichtsinguläre Bewegung, es sei denn, daß einige γ_i ins Unendliche wachsen, in welchem Fall nach Multiplikation mit einem γ_i^{-1}, welches am stärksten gegen Null strebt, eine Grenztransformation

$$\begin{cases} \xi_i' = \beta_i\xi_0 \\ \xi_0' = 0 \end{cases}$$

zustande kommt, deren Grenzelemente $M_{\varrho-1}$ und $\overline{M}_{n-\varrho}$ beide im Unendlichen liegen.

Eine reelle lineare Transformation von $\xi_1, \ldots, \xi_n$ induziert eine lineare Transformation der Koeffizienten $z_1, \ldots, z_N$ einer quadratischen Form in den ξ. Ebenso induziert eine komplexe lineare Transformation von $\xi_1, \ldots, \xi_n$ eine reelle lineare Transformation der Real- und Ima-

---

[117]) G. FUBINI: Introduzione alla teoria dei gruppi discontinui e delle funzioni automorfe. Pisa 1908.

ginärteile der Koeffizienten einer HERMITEschen Form, die wir wieder mit $z_1, \ldots, z_N$ bezeichnen. Dabei induzieren solche Paare von linearen Transformationen, die sich nur um einen Faktor λ unterscheiden, wieder ebensolche Paare von Transformationen von $z_1, \ldots, z_N$; also kann man sagen, daß die reellen bzw. komplexen projektiven Transformationen des Raumes P_{n-1} im Raum P_{N-1} in beiden Fällen reelle projektive Transformationen induzieren. In P_{N-1} gibt es einen Teilbereich D, dessen Punkte zu den definiten Formen gehören. Dieser Teilbereich ist immer zusammenhängend und wird von allen betrachteten Transformationen in sich transformiert. Nun gilt: *Einer diskreten Gruppe von reellen bzw. komplexen projektiven Transformationen entspricht in der obigen Zuordnung eine diskrete Gruppe von reellen projektiven Transformationen des P_{N-1}, welche im Gebiet D normal-diskontinuierlich ist*[117]).

Insbesondere entsprechen für $n = 2$ den gebrochen-linearen Transformationen einer komplexen Veränderlichen $\zeta = \xi_1 : \xi_2$:

$$(1) \qquad \begin{cases} \xi_1' = \alpha\,\xi_1 + \beta\,\xi_2 \\ \xi_2' = \gamma\,\xi_1 + \delta\,\xi_2 \end{cases} \quad \text{oder} \quad \zeta' = \frac{\alpha\,\zeta + \beta}{\gamma\,\zeta + \delta}$$

reelle Transformationen des Raumes P_3, dessen Koordinaten die Real- und Imaginärteile z_1, z_2, z_3, z_4 der Koeffizienten der HERMITEschen Form

$$z_1\,\bar{\xi}_1\xi_1 + (z_2 + i z_3)\,\bar{\xi}_1\xi_2 + (z_2 - i z_3)\,\bar{\xi}_2\xi_1 + z_4\,\bar{\xi}_2\xi_2$$

sind. Die definiten Formen sind durch

$$Q = z_2{}^2 + z_3{}^2 - z_1 z_4 < 0$$

gekennzeichnet; unsere Transformationen lassen also das Innere der Fläche $Q = 0$ invariant und sind daher hyperbolische Bewegungen. *So entspricht jeder diskreten Gruppe von ζ-Substitutionen* (1) *eine normal-diskontinuierliche Gruppe von dreidimensionalen hyperbolischen Bewegungen.*

Am anschaulichsten wird der Zusammenhang zwischen den hyperbolischen Bewegungen und den ζ-Substitutionen (1), wenn man die Fläche Q in eine Kugel, die ζ-Kugel, übergeführt denkt, welche man dann stereographisch auf die ζ-Ebene projizieren kann. Die hyperbolischen Bewegungen erzeugen konforme Abbildungen der ζ-Kugel in sich, welche nach der stereographischen Projektion gebrochen-lineare ζ-Substitutionen ergeben.

Je nachdem, ob die betrachtete diskrete Gruppe von hyperbolischen Bewegungen einen Punkt innerhalb, auf oder außerhalb der ζ-Kugel oder keinen Punkt invariant läßt, unterscheidet man:

1. *platonische Gruppen*, das sind die in § 9 schon aufgezählten endlichen Drehungsgruppen oder binären projektiven unitären Gruppen;

2. *doppelt-periodische Gruppen*, die einen Punkt der ζ-Kugel invariant lassen, für welchen man zweckmäßig den Punkt $\zeta = \infty$ wählt, wodurch in der ζ-Ebene eine *ebene euklidische Bewegungsgruppe* entsteht;

3. *Hauptkreisgruppen*, die einen Kreis auf der ζ-Kugel invariant lassen, welche man zweckmäßig bei der stereographischen Projektion in die reelle ζ-Achse überführt, wodurch eine *Gruppe von reellen ζ-Substitutionen* (1) entsteht;

4. *Nichtrotationsgruppen*, die keinen Punkt des Raumes invariant lassen.

Die diskreten Gruppen von ebenen euklidischen Bewegungen findet man alle (mit Literaturangabe) bei A. SPEISER[118]).

Diejenigen Hauptkreisgruppen, welche die obere ζ-Halbebene in sich transformieren, heißen *fuchssche Gruppen* (s. oben). Da diese Gruppen eine Ebene des z-Raumes invariant lassen, kann man sie auch als ebene hyperbolische Bewegungsgruppen betrachten. Sie haben als solche einen normalen polygonalen Fundamentalbereich, dem in der oberen ζ-Halbebene ein von Kreisbögen berandeter Fundamentalbereich entspricht. Man kann ihre Erzeugenden und ihre definierenden Relationen aus den Ränderzuordnungen des Fundamentalbereiches ablesen. Für die weitere Diskussion und Klassifikation dieser Gruppen verweisen wir auf das Buch von KLEIN-FRICKE[119]).

Ein wichtiges Beispiel einer Hauptkreisgruppe bildet die *Modulgruppe*, die aus allen ζ-Substitutionen $\begin{pmatrix} a & b \\ c & d \end{pmatrix}$ mit ganzen rationalen Koeffizienten und mit Determinante Eins besteht. Sie wird erzeugt durch die beiden Substitutionen

$$S = \begin{pmatrix} 1 & 1 \\ 0 & 1 \end{pmatrix} \quad \text{und} \quad T = \begin{pmatrix} 0 & -1 \\ 1 & 0 \end{pmatrix}.$$

Ihre definierenden Relationen lauten

$$T^2 = (TS)^3 = 1.$$

Unter ihren Untergruppen sind die *Kongruenzuntergruppen* m-ter Stufe bemerkenswert, deren Matrices durch Kongruenzen modulo m eingeschränkt werden. Die *Hauptkongruenzgruppe* m-ter Stufe besteht aus den Substitutionen $\begin{pmatrix} a & b \\ c & d \end{pmatrix}$ mit $a \equiv d \equiv 1$, $b \equiv c \equiv 0$ (mod m). Systeme von Erzeugenden für die Hauptkongruenzgruppe und andere Kongruenzuntergruppen von Primzahlstufe haben H. RADEMACHER[120]) und H. FRASCH[121]) angegeben. Die Faktorgruppe der Modulgruppe nach der Hauptkongruenzgruppe p-ter Stufe ist die Modulargruppe $PSL(2, p)$, deren Struktur und Untergruppen in § 3 schon diskutiert wurden.

---

[118]) A. SPEISER: Theorie der Gruppen von endlicher Ordnung, 2. Aufl. Berlin 1927, § 28 und § 29.

[119]) R. FRICKE u. F. KLEIN: Vorlesungen über die Theorie der automorphen Funktionen I. Braunschweig 1897.

[120]) H. RADEMACHER: Abh. math. Semin. Hamburg. Univ. **7** (1929) 134—148.

[121]) H. FRASCH: Math. Ann. **108** (1933) 229—252.

Beispiele von Untergruppen der Modulgruppe, die nicht Kongruenz-untergruppen sind, haben G. Pick und R. Fricke[122]) angegeben. Alle mit der Modulgruppe isomorphen Gruppen von gebrochen-linearen ζ-Substitutionen hat G. Bol[123]) bestimmt.

Die unter 1., 2., 3. oben klassifizierten Gruppen sind alle schon auf der ζ-Kugel eigentlich-diskontinuierlich, die unter 4. nicht alle. Diejenigen Nichtrotationsgruppen, welche erst im Inneren der ζ-Kugel eigentlich-diskontinuierlich werden, heißen (nach der Gestalt ihres normalen Fundamentalbereiches) *Polyedergruppen*. Ein Beispiel bildet die Picard*sche Gruppe* derjenigen Substitutionen (1) mit Determinante Eins, bei denen α, β, γ, δ ganze Zahlen der Form $a + bi$ sind. Man kann nach Bianchi[112]) den Ansatz dadurch verallgemeinern, daß man für α, β, γ, δ ganze Zahlen aus einem imaginär-quadratischen Zahlkörper $k(\sqrt{-r})$ nimmt. Auf Grund der Isomorphie (34), § 7, kann man dieselbe Gruppe auch erhalten als Gruppe von quaternären ganzzahligen projektiven Transformationen mit Determinante Eins, welche eine quadratische Form $Q_2 = \xi_1\xi_2 + \xi_3{}^3 + r\xi_4{}^2$ invariant lassen. Eine Hauptkreisgruppe erhält man, wenn man sich auf diejenigen Substitutionen (1) beschränkt, welche eine indefinite binäre Hermite*sche* Form invariant lassen. Noch allgemeinere arithmetisch definierte Gruppen erhält man durch Betrachtung der ternären ganzzahligen projektiven Transformationen mit Koeffizienten aus einem vorgegebenen Körper, welche eine ternäre quadratische Form invariant lassen[119]).

Diskrete Gruppen von Cremonatransformationen fallen aus dem Rahmen dieses Berichtes. Wir erwähnen daher nur ganz kurz die *hyper-abelschen Gruppen*, das sind diskrete Gruppen von reellen gebrochen-linearen Substitutionen von n komplexen Veränderlichen:

$$(2) \quad \zeta_\nu' = \frac{\alpha_\nu \zeta_\nu + \beta_\nu}{\gamma_\nu \zeta_\nu + \delta_\nu}, \qquad D_\nu = \alpha_\nu \delta_\nu - \beta_\nu \gamma_\nu > 0, \qquad \nu = 1, 2, \ldots, n.$$

Nach Myrberg[116]) sind diese Gruppen sämtlich normal-diskontinuierlich im Bereich
$$I(\zeta_1) I(\zeta_2) \ldots I(\zeta_n) \neq 0.$$

Beispiele bilden die von Blumenthal[112]) diskutierten *höheren Modulgruppen*, bei denen die Koeffizienten der Substitutionen (2) konjugierte ganze algebraische Zahlen in n konjugierten reellen Zahlkörpern n-ten Grades durchlaufen, während die Determinanten D_ν ein System konjugierter Einheiten bilden.

Es gibt nach Polya und Niggli[124]) 17 affin-verschiedene diskrete Gruppen von ebenen euklidischen Bewegungen und Umlegungen,

[122]) G. Pick: Math. Ann. **28** (1886) 119—124. — R. Fricke: Ebenda 99—118.
[123]) G. Bol: Nieuw Arch. Wiskde **17** (1932) 55—61.
[124]) G. Polya: Z. Kristallogr. **60** (1924) 278—282. — P. Niggli: Ebenda 282 bis 298.

welche keinen Punkt und keine Gerade invariant lassen. Dazu kommen nach Niggli[124a]) noch 5 Gruppen, welche eine Gerade invariant lassen.

Die dreidimensionalen diskreten Gruppen von euklidischen Bewegungen und Umlegungen, welche keinen Punkt und keine Gerade oder Ebene invariant lassen, haben A. Schoenflies[125]) sowie E. von Fedorow[126]) aufgestellt. Es gibt, wie beide Autoren übereinstimmend gefunden haben, 230 *„Raumgruppen"*, die sich auf 32 *„Kristallklassen"* verteilen[127]). Damit ist folgendes gemeint. Zwei Raumgruppen werden als nicht verschieden betrachtet, wenn sie sich durch eine affine Transformation ineinander überführen lassen. Jede Raumgruppe $\mathfrak{G}$ der betrachteten Art enthält drei linear-unabhängige Translationen. Die Untergruppe aller Translationen von $\mathfrak{G}$ erzeugt also, auf einen festen Ausgangspunkt O angewandt, ein dreidimensionales Gitter Γ. Zerlegt man jede Bewegung oder Umlegung aus $\mathfrak{G}$ in eine Translation und eine Rotation oder Umlegung mit dem festen Punkt O, so bilden die rotativen Bestandteile für sich eine (zu $\mathfrak{G}$ homomorphe) Gruppe $\mathfrak{H}$, welche die zu $\mathfrak{G}$ gehörige „Punktgruppe" heißt und welche das Gitter Γ invariant läßt. Wählt man die Gittervektoren als Koordinatenvektoren, so wird $\mathfrak{H}$ eine *endliche Gruppe von unimodularen ganzzahligen linearen Vektortransformationen, welche eine definite quadratische Form invariant läßt.* Zwei solche Punktgruppen werden zur gleichen *Klasse* gerechnet, wenn sie sich durch eine lineare Transformation U ineinander transformieren lassen. In diesem Sinne gibt es 32 Klassen[128]). Man kann aber auch den Klassenbegriff enger fassen, indem man verlangt, daß auch U unimodular und ganzzahlig sei[129]).

C. Hermann, L. Weber sowie E. Alexander und K. Herrmann[130]) haben die diskreten Gruppen von dreidimensionalen Bewegungen und Umlegungen bestimmt, welche eine Ebene invariant lassen, ebenso C. Hermann und E. Alexander[131]) diejenigen, welche eine Gerade fest

---

124a) P. Niggli: Z. Kristallogr. **63** (1926) 255—272. Siehe auch 113).

125) A. Schoenflies: Kristallsysteme und Kristallstruktur. Leipzig 1891.

126) E. von Fedorow: Z. Kristallogr. **20** (1892) 25—75.

127) Vgl. dazu auch P. Niggli: Geometrische Kristallographie des Diskontinuums. Leipzig 1919. — C. Hermann: Z. Kristallogr. **69** (1928) 266—249. — H. Heesch: Z. Kristallogr. **72** (1929) 177—201. — E. Schiebold: Neue Herleitung und Nomenklatur der 230 kristallographischen Raumgruppen. Leipzig 1929. — R. W. G. Wyckoff: The analytic expression of the results of the theory of space groups. Washington 1930.

128) Siehe auch G. Frobenius: S.-B. preuß. Akad. Wiss. **1911** 681—691.

129) J. J. Burckhardt: Comment. math. helv. **6** (1933) 159—184.

130) C. Hermann: Z. Kristallogr. **69** (1928) 250—270. — L. Weber: Z. Kristallogr. **70** (1929) 309—327. — E. Alexander u. K. Herrmann: ebenda 328—345 und 460.

131) C. Hermann: Z. Kristallogr. **69** (1928) 250—270. — E. Alexander: Z. Kristallogr. **70** (1929) 367—382.

lassen. Über die vierdimensionalen Gruppen, welche einen R_3 invariant lassen, siehe H. HEESCH[131a]), sowie J. J. BURCKHARDT[135]).

L. BIEBERBACH[132]) hat die diskreten euklidischen Bewegungsgruppen in n Dimensionen untersucht. Seine Hauptergebnisse sind:

1. Eine diskrete Bewegungsgruppe ist entweder *zerlegbar*, d. h. sie läßt einen echten linearen Teilraum R_m des R_n invariant, oder sie enthält n linear unabhängige Translationen. (Im ersten Fall erstreckt sich der Fundamentalbereich offenbar ins Unendliche, im zweiten Fall ist er offenbar endlich.) Im unzerlegbaren Fall bilden die rotativen Bestandteile der Bewegungen der Gruppe eine endliche Drehungsgruppe von beschränkter Ordnung.

2. Es gibt (bis auf affine Transformationen) nur endlich viele verschiedene diskrete Bewegungsgruppen mit n linear unabhängigen Translationen.

G. FROBENIUS[133]) hat 1. einfacher bewiesen und es auf Gruppen von komplexen affinen Transformationen, deren homogene Bestandteile eine definite HERMITEsche Form invariant lassen, übertragen. Ein einfacher Beweis von 2. findet sich auch bei A. SPEISER[134]). J. J. BURCKHARDT[135]) hat angegeben, wie man die BIEBERBACH-FROBENIUSsche Methode so weit entwickeln kann, daß sie die wirkliche Bestimmung der Bewegungsgruppen ermöglicht. Als Anwendung bestimmt er alle hexagonalen und rhomboedrischen vierdimensionalen Gruppen, die einen dreidimensionalen Raum invariant lassen.

COXETER[136]) hat die diskreten Bewegungsgruppen des R_n bestimmt, deren Fundamentalbereiche Simplices sind. Im Anschluß daran hat er auch die diskreten Bewegungsgruppen, die von Spiegelungen erzeugt werden, aufgezählt und untersucht[137]).

II. Darstellungen von Ringen und Gruppen.

Während im ersten Teil immer lineare Gruppen *gegebenen Grades* betrachtet wurden, lautet das Problem der Darstellungstheorie: alle linearen Gruppen *gegebener Struktur*, also alle zu einer gegebenen Gruppe isomorphen oder allgemeiner homomorphen linearen Gruppen auf-

[131a]) H. HEESCH: Z. Kristallogr. **73** (1930) 325—346.

[132]) L. BIEBERBACH: Nachr. Ges. Wiss. Göttingen **1910** 75—84 — Math. Ann. **70** (1910) 297—336; **72** (1912) 400—412.

[133]) G. FROBENIUS: S.-B. preuß. Akad. Wiss. **1911** 654—665.

[134]) A. SPEISER: Theorie der Gruppen von endlicher Ordnung, 2. Aufl. Berlin 1927, § 70.

[135]) J. J. BURCKHARDT: Comment. math. helv. **6** (1934) 159—184. Siehe auch F. SEITZ, Z. Kristallogr. **88** (1934) 433—459.

[136]) H. S. M. COXETER: J. London Math. Soc. **6** (1931) 132—136 — Proc. London Math. Soc., II. s. **34** (1932) 126—189.

[137]) H. S. M. COXETER: Ann. of Math., II. s. **35** (1934) 588—621.

zufinden. Diese Theorie wurde von G. FROBENIUS[1]) geschaffen, von W. BURNSIDE[2]) und von I. SCHUR[3]) neu begründet und weiter ausgebaut. Wir geben hier im wesentlichen den Aufbau der Theorie nach E. NOETHER[4]) im organischen Zusammenhang mit der Darstellungstheorie der hyperkomplexen Systeme.

§ 11. Darstellungen und Darstellungsmoduln.

Unter einer *Darstellung* $\mathfrak{D}$ einer Gruppe $\mathfrak{g}$ (durch lineare Transformationen) versteht man eine homomorphe Abbildung der Gruppe auf ein System $\mathfrak{S}$ von linearen Transformationen eines Vektorraumes $\mathfrak{M}$:

$$a \to \mathsf{A}, \quad b \to \mathsf{B}, \quad ab \to \mathsf{A}\,\mathsf{B}.$$

Dasselbe gilt, wenn $\mathfrak{g}$ nur eine *Halbgruppe* ist, d. h. wenn in $\mathfrak{g}$ alle Produkte $a \cdot b$ definiert sind und dem Assoziativgesetz genügen, nicht aber die Existenz des Inversen gefordert wird.

Ist die Halbgruppe $\mathfrak{g}$ speziell als *Ring* gegeben, so wird von einer Darstellung auch noch der additive Isomorphismus:

$$a + b \to \mathsf{A} + \mathsf{B}$$

verlangt. Ist $\mathfrak{g}$ noch spezieller ein *hyperkomplexes System* über einem Körper P, so verlangen wir außerdem, daß P im Zentrum des Darstellungskörpers K enthalten ist und daß gilt

$$a\lambda \to \mathsf{A}\lambda \text{ für alle } \lambda \text{ aus } \mathsf{P}.$$

---

[1]) G. FROBENIUS: Über Gruppencharaktere. S.-B. preuß. Akad. Wiss. **1896** 985—1021 — Über die Primfaktoren der Gruppendeterminante. Ebenda **1896** 1343—1382; **1903** 401—409 — Über die Darstellung der endlichen Gruppen durch lineare Substitutionen. Ebenda **1897** 994—1015; **1899** 482—500 — Über die Komposition der Charaktere einer Gruppe. Ebenda **1899** 330—339. — G. FROBENIUS u. I. SCHUR: Über die Äquivalenz der Gruppen linearer Substitutionen. Ebenda **1906** 209—217 — Zur Entstehung der Darstellungstheorie vgl. auch den Briefwechsel zwischen DEDEKIND und FROBENIUS in DEDEKINDS Werken **2**.

[2]) W. BURNSIDE: On the continuous group that is defined by any group of finite order. Proc. London Math. Soc. **29** (1898) 207—224 und 546—565 — On group-characteristics. Ebenda **33** (1901) 146—162 — On the composition of group-characteristics. Ebenda **34** (1901) 41—48 — On the representation of a group of finite order as an irreducible group of linear substitutions and the direct establishment of the relations between group-characteristics. Ebenda (2) **1** (1903) 117—123. — Theory of Groups. 2nd edition. Cambridge 1911.

[3]) I. SCHUR: Neue Begründung der Theorie der Gruppencharaktere. S.-B. preuß. Akad. Wiss. **1905** 406—432 — Arithmetische Untersuchungen über endliche Gruppen linearer Substitutionen. Ebenda **1906** 164—184 — Über die Darstellung der endlichen Gruppen durch gebrochene lineare Substitutionen. J. reine angew. Math. **127** (1904) 20—50; **132** (1907) 85—137.

[4]) E. NOETHER: Hyperkomplexe Größen und Darstellungstheorie. Math. Z. **30** (1929) 641—692. — Vgl. auch TH. MOLIEN: Math. Ann. **41** (1892) 83—156. — M. HERZBERGER: Über Systeme hyperkomplexer Größen. Diss. Berlin 1923, sowie die ersten Arbeiten von FROBENIUS (Fußnote 1).

Der *Grad* einer Darstellung ist die Dimension des Raumes $\mathfrak{M}$. Eine Darstellung heißt *treu*, wenn sie 1-isomorph ist.

Es ist nun zweckmäßig, für jedes a aus $\mathfrak{g}$ und jedes u aus $\mathfrak{M}$ ein Produkt au zu definieren durch

$$(1) \qquad\qquad au = \mathsf{A}u,$$

wo A die darstellende Transformation von a ist.

Es gelten dann die Regeln:

$$a(u + v) = au + av$$

$$a(u\lambda) = (au)\lambda$$

$$(ab)u = a(bu) \quad \text{für Gruppen und Halbgruppen};$$

dazu: $\qquad (a + b)u = au + bu \quad \text{für Ringe } \mathfrak{g}$

$$(a\lambda)u = a(u\lambda) = (au)\lambda \quad \text{für hyperkomplexe Systeme } \mathfrak{g}.$$

Durch diese Schreibweise wird das Symbol A der darstellenden Transformation überflüssig gemacht (ein Vorteil namentlich dann, wenn mehrere Darstellungen gleichzeitig betrachtet werden müssen) und das ganze Problem der Darstellungstheorie zurückgeführt auf die Untersuchung eines Moduls (d. h. einer additiven Gruppe) $\mathfrak{M}$ mit zweierlei Operatoren: den Elementen von K, welche rechts, und denen von $\mathfrak{g}$, welche links geschrieben werden. Dieser Doppelmodul, der *Darstellungsmodul* $\mathfrak{M}$, bestimmt vermöge (1) die Darstellung eindeutig.

Man kann den Vektorraum $\mathfrak{M}$ auch dann zu einem Doppelmodul machen, wenn ein beliebiges System $\mathfrak{S}$ von linearen Transformationen von $\mathfrak{M}$ in sich gegeben ist, indem man $\mathfrak{S}$ als Operatorenbereich von $\mathfrak{M}$ annimmt oder, was dasselbe ist, indem man $\mathfrak{S}$ als seine eigene Darstellung betrachtet. Das Produkt $\mathsf{A}u$ hat ja einen Sinn für ein beliebiges A in $\mathfrak{S}$ und u in $\mathfrak{M}$ und erfüllt alle obigen Rechnungsregeln.

Wenden wir auf den Doppelmodul $\mathfrak{M}$ die Grundbegriffe der Gruppentheorie[5]) an, so ergeben sich folgende Begriffsbildungen:

1. *Zulässige Untergruppen* sind diejenigen linearen Teilräume von $\mathfrak{M}$, welche die Transformationen von $\mathfrak{g}$ gestatten, d. h. durch diese Transformationen in sich transformiert werden. Man nennt sie in diesem Fall *invariante Teilräume* von $\mathfrak{M}$ (gegenüber $\mathfrak{g}$). Ist $\mathfrak{N}$ ein solcher, $(v_1, \ldots, v_m)$ eine Basis von $\mathfrak{N}$ und $(u_1, \ldots, u_l, v_1, \ldots, v_m)$ eine Basis für $\mathfrak{M}$, so sieht die Matrix von A, bezogen auf diese Basis, folgendermaßen aus:

$$(2) \qquad\qquad A = \begin{pmatrix} P & 0 \\ Q & R \end{pmatrix}.$$

---

[5]) Siehe etwa B. L. van der Waerden: Moderne Algebra I, Kap. 2 und 6, oder das bald in dieser Sammlung erscheinende Heft von van der Waerden und Levi über Gruppentheorie.

Die Teilmatrix R gibt an, wie der Teilraum $\mathfrak{N}$ durch A transformiert wird; ebenso bestimmt P die Transformation des Faktormoduls $\mathfrak{M}/\mathfrak{N}$.

Ist der Modul $\mathfrak{M}$ einfach, d. h. ist kein Untermodul vorhanden, der alle Operatoren gestattet, so nennt man das System $\mathfrak{S}$ oder die Darstellung $\mathfrak{D}$ oder auch den Raum $\mathfrak{M}$ *irreduzibel*; ist dagegen ein invarianter Teilraum vorhanden und können daher die Transformationen A von $\mathfrak{S}$ alle gleichzeitig durch Matrices der Form (2) dargestellt werden, so heißen $\mathfrak{S}$, $\mathfrak{D}$ und $\mathfrak{M}$ *reduzibel*.

2. Ist $\mathfrak{M}$ *direkte Summe* von zwei zulässigen Untergruppen $\mathfrak{N}_1 = (v_1, \ldots, v_m)$ und $\mathfrak{N}_2 = (w_1, \ldots, w_h)$, so sagt man, der Modul $\mathfrak{M}$ *zerfällt* in $\mathfrak{N}_1$ und $\mathfrak{N}_2$. In den Matrices (2) wird dann $Q = 0$, und man sagt, das System dieser Matrices oder die Darstellung $\mathfrak{D}$ *zerfällt* in die Systeme der Matrices P und R. Desgleichen bei einer direkten Summe von mehr als zwei Summanden.

3. Bildet man für $\mathfrak{M}$ eine *Kompositionsreihe* von invarianten Teilräumen

$$\mathfrak{M} = \mathfrak{M}_0 \supset \mathfrak{M}_1 \supset \cdots \supset \mathfrak{M}_r = (0),$$

derart, daß $\mathfrak{M}_{\nu+1}$ maximaler invarianter Teilraum in $\mathfrak{M}_\nu$ und daher $\mathfrak{M}_\nu/\mathfrak{M}_{\nu+1}$ einfach (irreduzibel) ist, so kann man die darstellenden Matrices A des Systems $\mathfrak{S}$ bei passender Basiswahl auf die Form

$$(3) \qquad \begin{pmatrix} A_{11} & 0 & \cdots & 0 \\ A_{21} & A_{22} & \cdots & 0 \\ \cdots & \cdots & \cdots & \cdots \\ \cdots & \cdots & \cdots & \cdots \\ \cdots & \cdots & \cdots & \cdots \\ A_{r1} & A_{r2} & \cdots & A_{rr} \end{pmatrix}$$

bringen, wo die „Diagonalkästchen" $A_{\nu\nu}$ die in den Faktormoduln $\mathfrak{M}_{\nu-1}/\mathfrak{M}_\nu$ induzierten Transformationen darstellen. Da diese Faktormoduln einfach sind, so sind die Matrixsysteme $(A_{\nu\nu})$ irreduzibel. Man nennt sie die *irreduziblen Diagonalbestandteile* des Matrixsystems $\mathfrak{S}$, und man sagt, das System $\mathfrak{S}$ sei in der Form (3) *ausreduziert*.

4. Ist der Modul $\mathfrak{M}$ *vollständig reduzibel*, d. h. direkte Summe von einfachen (oder irreduziblen) invarianten Teilräumen, so stehen in der Matrix (3) außerhalb der Hauptdiagonale überall Nullen, und man nennt auch das System $\mathfrak{S}$ (oder die Darstellung $\mathfrak{D}$) *vollständig reduzibel* oder kurz *vollreduzibel*. Das System $\mathfrak{S}$ *zerfällt in seine irreduziblen Bestandteile*.

5. Ebenso wie den Begriff der Kompositionsreihe kann man auch den der LOEWY*schen Kompositionsreihe*[6]) übertragen. Die letzte Gruppe dieser Reihe ist die Summe der minimalen zulässigen Untermoduln (der REMAKsche Sockel). Die übrigen Gruppen erhält man sukzessiv

---

[6]) W. KRULL: S.-B. Heidelberg. Akad. Wiss. **1926**, 1. Abh.

durch Anwendung desselben Verfahrens auf die Faktorgruppen. Der Sockel und ebenso die anderen Kompositionsfaktoren sind vollständig reduzibel. Man erhält so eine Matrixgestalt ähnlich der unter 3. angegebenen, bei der aber die Diagonalbestandteile $A_{\nu\nu}$ nicht irreduzibel, sondern vollständig reduzibel sind: sie sind die *aufeinanderfolgenden größten vollständig reduziblen Bestandteile der Darstellung*[7]). Wir werden von diesen Begriffen jedoch weiter keinen Gebrauch machen.

6. Ein Operatorhomomorphismus, welcher einen Modul $\mathfrak{M}_1$ in $\mathfrak{M}_2$ (mit denselben Operatorenbereichen $\mathfrak{g}$ und K) abbildet, ist offenbar nichts anderes als eine lineare Transformation T von $\mathfrak{M}_1$ in $\mathfrak{M}_2$ mit der Eigenschaft $\mathsf{T}av = a\mathsf{T}v$ (für jedes a und jedes v in $\mathfrak{M}$) oder, was dasselbe ist,

$$(4) \qquad \mathsf{T}\mathsf{A}_1 = \mathsf{A}_2\mathsf{T} \text{ für alle } a \text{ in } \mathfrak{g},$$

wobei A_1 und A_2 die von a induzierten Transformationen in $\mathfrak{M}_1$ und $\mathfrak{M}_2$ sind.

Sind insbesondere $\mathfrak{M}_1$ und $\mathfrak{M}_2$ 1-isomorph und ist T ein 1-Isomorphismus, so kann man statt (4) auch schreiben

$$\mathsf{A}_2 = \mathsf{T}\mathsf{A}_1\mathsf{T}^{-1}.$$

Die Darstellungen $a \to \mathsf{A}_1$ und $a \to \mathsf{A}_2$ heißen in diesem Fall *äquivalent*.

Ist speziell $\mathfrak{M}_1 = \mathfrak{M}_2$, $\mathsf{A}_1 = \mathsf{A}_2 = \mathsf{A}$, so wird (2) $\mathsf{T}\mathsf{A} = \mathsf{A}\mathsf{T}$, also: *Die Operatorautomorphismen des Darstellungsmoduls $\mathfrak{M}$ sind die mit allen Transformationen der Darstellung vertauschbaren linearen Transformationen.*

Nachdem so die Grundbegriffe der Gruppentheorie auf Darstellungsmoduln übertragen sind, können wir auch die wichtigsten Sätze, die sich auf Gruppen und ihre Homomorphismen beziehen, übertragen:

1. Der JORDAN-HÖLDERsche Satz besagt für unseren Fall, daß die in einer Kompositionsreihe von $\mathfrak{M}$ auftretenden irreduziblen Diagonalbestandteile $A_{\nu\nu}$ (und insbesondere die irreduziblen Bestandteile einer vollständig reduziblen Darstellung) unabhängig von der Willkür des Ausreduzierens bis auf die Reihenfolge und bis auf Äquivalenz eindeutig bestimmt sind. Ebenso sind die vollständig reduziblen Bestandteile, die bei einer LOEWYschen Kompositionsreihe auftreten, bis auf Äquivalenz eindeutig bestimmt.

2. Der REMAK-SCHMIDTsche oder KRULL-SCHMIDTsche Satz[8]) über die Eindeutigkeit der direkt-unzerlegbaren Summanden einer Gruppe mit Operatoren besagt in unserem Fall die Eindeutigkeit (bis auf Äquivalenz und Reihenfolge) der unzerfällbaren Bestandteile in einer Zerfällung eines Systems von linearen Transformationen[9]).

---

[7]) A. LOEWY: Trans. Amer. Math. Soc. **4** (1903) 171—177.

[8]) R. REMAK: J. reine angew. Math. **139** (1911) 293. — W. KRULL: Math. Z. **23** (1925) 161—186. — O. SCHMIDT: Ebenda **29** (1929) 34—41.

[9]) Vgl. auch R. BRAUER u. I. SCHUR: S.-B. preuß. Akad. Wiss. **1930** 209—226.

3. Ein Modul $\mathfrak{M}$ ist dann und nur dann vollständig reduzibel, wenn es zu jedem zulässigen Untermodul $\mathfrak{N}$ eine Zerlegung $\mathfrak{M} = \mathfrak{N} + \mathfrak{N}'$ gibt. $\mathfrak{N}$ und $\mathfrak{N}'$ sind dann auch selber vollständig reduzibel, und dasselbe gilt wegen $\mathfrak{M}/\mathfrak{N} \cong \mathfrak{N}'$ für den Faktormodul $\mathfrak{M}/\mathfrak{N}$, also für jeden zu $\mathfrak{M}$ homomorphen Modul.

4. Sind $\mathfrak{M}_1$ und $\mathfrak{M}_2$ zwei irreduzible Moduln und wird $\mathfrak{M}_1$ homomorph in $\mathfrak{M}_2$ abgebildet, so ist die Bildmenge entweder der Nullmodul oder der ganze Modul $\mathfrak{M}_2$. Ein Homomorphismus eines einfachen Moduls $\mathfrak{M}_1$ ist aber, wenn er nicht der Nullhomomorphismus ist, stets ein 1-Isomorphismus. Übersetzt man das in die Sprache der Darstellungstheorie, so ergibt sich, wenn $a \to \mathsf{A}_1$ und $a \to \mathsf{A}_2$ die durch $\mathfrak{M}_1$ und $\mathfrak{M}_2$ vermittelten irreduziblen Darstellungen sind: *Jede lineare Transformation* T *von* $\mathfrak{M}_1$ *in* $\mathfrak{M}_2$ *mit der Eigenschaft*

$$(4) \qquad\qquad \mathsf{T}\mathsf{A}_1 = \mathsf{A}_2\mathsf{T} \quad \textit{für alle } a \textit{ aus } \mathfrak{g}$$

ist entweder die Nullabbildung oder nichtsingulär; im letzteren Fall sind die beiden gegebenen irreduziblen Darstellungen $a \to \mathsf{A}_1$ *und* $a \to \mathsf{A}_2$ *äquivalent* [Lemma von SCHUR[10])].

In derselben Weise beweist man die allgemeinere, ebenfalls von I. SCHUR herrührende Behauptung: Wenn es eine von Null verschiedene Transformation T mit der Eigenschaft (4) gibt, so haben die Darstellungen $a \to \mathsf{A}_1$ und $a \to \mathsf{A}_2$ einige irreduzible Diagonalbestandteile gemeinsam, deren Grade zusammen gleich dem Rang der Matrix T sind.

5. Die mit einer Darstellung $\mathfrak{D}$ oder überhaupt mit einem System von linearen Transformationen vertauschbaren linearen Transformationen bilden einen Ring: den *Automorphismenring* des Darstellungsmoduls. Die Theorie der Automorphismenringe beliebiger abelscher Gruppen mit Operatoren hat H. FITTING[11]) entwickelt. Für den Fall eines *vollständig reduziblen* Moduls $\mathfrak{M}$ lautet das erste Hauptergebnis dieser Theorie so[12]): Faßt man in der Zerlegung $\mathfrak{M} = \mathfrak{m}_1 + \mathfrak{m}_2 + \cdots$ jedesmal die äquivalenten irreduziblen Bestandteile zu einer Summe $\mathfrak{M}_i$ zusammen, so daß $\mathfrak{M} = \mathfrak{M}_1 + \mathfrak{M}_2 + \cdots$ wird, so ist der Automorphismenring direkte Summe von Ringen $\mathfrak{R}_1, \mathfrak{R}_2, \ldots$, die man als Automorphismenringe von $\mathfrak{M}_1, \mathfrak{M}_2, \ldots$ auffassen kann. (Jedes Element von $\mathfrak{R}_1$ transformiert $\mathfrak{M}_1$ in sich und annulliert $\mathfrak{M}_2, \mathfrak{M}_3, \ldots$) Zerfällt nun $\mathfrak{M}_1$ in r äquivalente Bestandteile $\mathfrak{m}_1 + \mathfrak{m}_2 + \cdots + \mathfrak{m}_r$, so ist $\mathfrak{R}_1$ isomorph einem vollen Matrixring r-ten Grades über einem Schiefkörper $\varLambda_1$, dem Automorphismenkörper von $\mathfrak{m}_1$, und analog für jedes $\mathfrak{M}_i$. Wählt man eine Basis des Darstellungsmoduls $\mathfrak{M}_1$, welche der Zerlegung $\mathfrak{M}_1 = \mathfrak{m}_1 + \cdots + \mathfrak{m}_r$ angepaßt ist, wobei die Basen der einzelnen (äquivalenten) $\mathfrak{m}_i$ so gewählt sind, daß sie bei allen Transformationen

---

[10]) I. SCHUR: S.-B. preuß. Akad. Wiss. **1905** 406—432.

[11]) H. FITTING: Math. Ann. **107** (1932) 514—542.

[12]) Auch dargestellt bei B. L. VAN DER WAERDEN: Moderne Algebra II, § 117.

der Darstellung gleich transformiert werden, so sieht die Matrix einer
solchen Transformation für $\mathfrak{M}_1$ so aus:

$$\begin{pmatrix} A_1 & 0 & \cdots & \\ 0 & A_1 & & \cdot \\ \cdot & & \cdot & \cdot \\ \cdot & & & \cdot \\ \cdot\cdot\cdot\cdot\cdot\cdot & A_1 \end{pmatrix}$$

und die Matrix einer mit dieser vertauschbaren Transformation aus dem
Automorphismenring $\mathfrak{R}_1$ so:

$$(5) \qquad \begin{pmatrix} T_{11} & T_{12} & \cdots & T_{1r} \\ \cdots\cdots\cdots\cdots\cdots \\ \cdots\cdots\cdots\cdots\cdots \\ \cdots\cdots\cdots\cdots\cdots \\ T_{r1} & T_{r2} & \cdots & T_{rr} \end{pmatrix},$$

wo die T_{jk} solche Matrices sind, die mit allen Matrices der irreduziblen,
durch $\mathfrak{m}_1$ vermittelten Darstellung $\mathfrak{D}_1$ vertauschbar sind und unabhängig
voneinander den Automorphismenkörper $\varLambda_1$ durchlaufen. Durch An-
einanderreihen der auf die einzelnen $\mathfrak{M}_i$ sich beziehenden Matrices (5)
erhält man die Matrix der allgemeinsten Transformation aus $\mathfrak{R}$.

6. Insbesondere ist der Automorphismenring eines irreduziblen Moduls ein Schiefkörper. Also: *Die mit allen Transformationen eines irreduziblen Systems vertauschbaren linearen Transformationen bilden einen
Schiefkörper $\varLambda_1$*. Das folgt auch unmittbar aus dem SCHURschen Lemma.

Ist der Grundkörper, wie wir von jetzt an wieder annehmen wollen,
kommutativ, so enthält der Schiefkörper $\varLambda_1$ in seinem Zentrum insbesondere die Transformationen λI. $\varLambda_1$ kann, als Matrixring, nur endlich viele linear unabhängige Elemente in bezug auf K enthalten, ist
also ein Schiefkörper endlichen Ranges über $\mathsf{K}I$. Jedes Element aus
$\varLambda_1$ genügt einer irreduziblen algebraischen Gleichung mit Koeffizienten
aus $\mathsf{K}I$. Ist insbesondere K algebraisch abgeschlossen, so muß $\varLambda_1 = \mathsf{K}I$
sein, d. h.: *die Operatorautomorphismen eines irreduziblen Darstellungs-
moduls mit algebraisch abgeschlossenem Koeffizientenkörper K sind skalare
Vielfache λI der Identität I*[10]). Dasselbe gilt bei beliebigem Grundkörper,
wenn die Darstellung absolut irreduzibel ist, d. h. irreduzibel bleibt bei
einer beliebigen algebraischen Erweiterung des Grundkörpers K.

7. Ein weiterer Satz von H. FITTING[11]) besagt: Ist der Darstellungsmodul $\mathfrak{M}$ vollständig reduzibel, so findet zwischen den invarianten Teil-
räumen $\mathfrak{N}$ von $\mathfrak{M}$ und den Rechtsidealen $\mathfrak{r}$ des Automorphismenringes $\mathfrak{A}$
ein eineindeutiges Entsprechen statt, wobei insbesondere jeder Zer-
legung von $\mathfrak{M}$ in irreduzible Teilräume eine Zerlegung von $\mathfrak{A}$ in minimale Rechtsideale (und umgekehrt) entspricht. Bei gegebenem $\mathfrak{r}$ ist
$\mathfrak{N} = \mathfrak{r}\mathfrak{M}$, und bei gegebenem $\mathfrak{N}$ besteht $\mathfrak{r}$ aus denjenigen Homomorphismen, die $\mathfrak{M}$ in $\mathfrak{N}$ abbilden.

§ 12. Darstellungen hyperkomplexer Systeme. Halbgruppen von linearen Transformationen.

Ein *hyperkomplexes System* oder „*eine Algebra*" vom *Rang h* über K ist ein Ring, der zugleich ein h-dimensionaler Vektorraum in bezug auf den kommutativen Körper K ist. Demnach ist ein hyperkomplexes System gegeben durch eine Basis $(u_1, \ldots, u_n)$ und durch eine Multiplikationstafel

$$u_j u_k = \sum u_l \gamma_{jk}{}^l .$$

Jedes hyperkomplexe System $\mathfrak{S}$ besitzt eine sofort angebbare Darstellung: die *reguläre Darstellung*, welche man erhält, indem man das System $\mathfrak{S}$ selbst als Darstellungsmodul (mit $\mathfrak{S}$ als Links- und K als Rechtsmultiplikatorenbereich) auffaßt. Die darstellende Matrix einer Größe $\sum u_j \xi_j$ in der regulären Darstellung ist offenbar $\sum \gamma_{jk}{}^l \xi_j$ (l Zeilen-, k Spaltenindex). Die invarianten Teilräume des Darstellungsmoduls sind die *Linksideale*, welche mit jedem Element a auch alle Vielfache $r \cdot a$ (r in $\mathfrak{S}$) und $a\lambda$ (λ in K) enthalten. Die irreduziblen Teilräume sind die *minimalen Linksideale*. Zwei operatorisomorphe Linksideale, welche äquivalente Darstellungen vermitteln, nennen wir auch *äquivalent*.

Hat das System $\mathfrak{S}$ eine Eins, was wir im folgenden immer annehmen werden, so ist die reguläre Darstellung stets treu.

Die für uns wichtigsten Gattungen hyperkomplexer Systeme sind:

1. Die *Divisionsalgebren* (Körper), in welchen jedes von Null verschiedene Element ein Inverses besitzt und daher die Division unbeschränkt möglich ist.

2. Die *einfachen Systeme* oder *vollen Matrixringe* n-ten Grades über einer Divisionsalgebra Λ, die aus allen Matrices mit Elementen aus Λ bestehen. Ein solches System hat die Gestalt

$$\mathfrak{S} = \sum \sum c_{jk} \Lambda = \sum \sum \Lambda c_{jk},$$

wo die c_{jk} die in § 1 definierten „Matrixeinheiten" und mit jedem Element von Λ vertauschbar sind.

3. Die *halbeinfachen Systeme* (oder *Systeme ohne Radikal*), welche vollständig in minimale Linksideale zerfallen. Jedes halbeinfache System ist direkte Summe von vollen Matrixringen $\mathfrak{S}_1 + \mathfrak{S}_2 + \cdots + \mathfrak{S}_m$, welche sich gegenseitig annullieren[13]:

$$(1) \qquad \mathfrak{S} = \sum_\nu \mathfrak{S}_\nu = \sum_{\nu} \sum_{i,k} c_{ik}{}^{(\nu)} \Lambda_\nu; \qquad \Lambda_\nu \text{ eine Divisionsalgebra.}$$

Ist n_ν der Grad des Matrixringes $\mathfrak{S}_\nu$, so zerfällt $\mathfrak{S}_\nu$ in n_ν äquivalente minimale Linksideale, während die Linksideale aus verschiedenen $\mathfrak{S}$ in-

---

[13]) Die angeführten Sätze stammen von J. H. MACLAGAN-WEDDERBURN: Proc. London Math. Soc. **6** (1907) 77—118. Für einfache Beweise siehe B. L. VAN DER WAERDEN: Moderne Algebra II, Kap. 16, oder H. FITTING: Math. Ann. **107** (1932) 514—542. Vgl. auch das Heft über Algebren von M. DEURING in dieser Sammlung (4 Heft 1).

äquivalent sind. Ist r_ν der Rang von Λ_ν, so ist der Rang von $\mathfrak{S}$ nach (1) gleich

$$h = \sum{}^{\cdot} n_\nu{}^2\, r_\nu\,.$$

Zu einer Zerlegung eines halbeinfachen Systems $\mathfrak{S}$ in Linksideale

$$\mathfrak{R} = \mathfrak{l}_1 + \mathfrak{l}_2 + \cdots + \mathfrak{l}_s$$

gehört auch eine Zerlegung der Eins in Idempotente e_i:

$$1 = e_1 + e_2 + \cdots + e_s$$

$$e_i{}^2 = e_i;\quad e_i e_k = 0 \ \text{für}\ i \neq k\,.$$

Ein beliebiges hyperkomplexes System $\mathfrak{S}$ besitzt ein *Radikal*, d. h. ein maximales nilpotentes Linksideal $\mathfrak{c}$:

$$\mathfrak{c}^\varrho = 0\,.$$

$\mathfrak{c}$ ist zweiseitiges Ideal in $\mathfrak{S}$, und der Restklassenring $\mathfrak{S}/\mathfrak{c}$ ist halbeinfach[13]).

Die Darstellungstheorie der hyperkomplexen Systeme wird nun durch folgende Sätze beherrscht:

Lemma. Jede Darstellung einer Halbgruppe mit Einselement zerfällt in zwei Bestandteile (von denen auch einer fehlen kann): in dem einen wird die Eins durch die Einheitsmatrix dargestellt, während der andere aus lauter Nullen besteht (Nulldarstellung).

Beweis. Ist e das Einselement der Halbgruppe und u ein beliebiges Element des Darstellungsmodus, so gilt die Zerlegung

$$u = eu + (u - eu)\,,$$

in welcher das erste Glied bei der Multiplikation mit e reproduziert, das zweite Glied annulliert wird.

Erster Darstellungssatz. Jede Darstellung eines halbeinfachen hyperkomplexen Systems $\mathfrak{S}$ in seinem Grundkörper K ist vollständig reduzibel, und die irreduziblen Bestandteile sind (soweit sie von der Nulldarstellung verschieden sind) äquivalent den durch die minimalen Linksideale $\mathfrak{l}_\nu$ von $\mathfrak{S}_\nu$ vermittelten Darstellungen $\mathfrak{D}_\nu$, d. h. sie sind in der regulären Darstellung von $\mathfrak{S}$ schon enthalten.

Beweis. Nach dem Lemma kann man sich auf den Fall beschränken, in dem das Einselement von $\mathfrak{S}$ die identische Transformation im Darstellungsmodul $\mathfrak{M}$ induziert. Nun sei

$$\mathfrak{S} = \mathfrak{l}_1 + \mathfrak{l}_2 + \cdots + \mathfrak{l}_s$$

$$\mathfrak{M} = (u_1, \ldots, u_m) = \sum \mathfrak{S} u_k = \sum_{i,\,k} \mathfrak{l}_i u_k,$$

wo die durch $\sum$ angedeutete Summe keine direkte zu sein braucht. Jeder der Moduln $\mathfrak{l}_i u_k$ ist vermöge der Zuordnung $x \to x u_k$ ein operatorhomomorphes Bild von $\mathfrak{l}_i$, also entweder der Nullmodul oder zu $\mathfrak{l}_i$ operatorisomorph und daher minimal. Jeder von ihnen hat somit entweder mit der Summe der vorangehenden nur die Null gemein oder ist ganz darin enthalten. Läßt man nun aus der Summe diejenigen Summanden $\mathfrak{l}_i u_k$ weg, die schon in der Summe der vorangehenden enthalten sind, so wird die Summe eine direkte.

Stellt man die vom Linksideal $\mathfrak{l}_\nu = c_{11}^{(\nu)} \Lambda_\nu + c_{21}^{(\nu)} \Lambda_\nu + \cdots + c_{n1}^{(\nu)} \Lambda_\nu$ vermittelte irreduzible Darstellung $\mathfrak{D}_\nu$ wirklich auf, so ergeben sich folgende *Zusätze und Folgerungen*[14]:

Die Darstellung $\mathfrak{D}_\nu$ des Elementes $a = \sum_\nu \sum_{j,\,k} c_{jk}^{(\nu)} \alpha_{jk}^{(\nu)}$ von $\mathfrak{S}$ [vgl. (1)] wird erhalten, indem man die Matrix $A_\nu = (\alpha_{jk}^{(\nu)})$ bildet und darin jedes Element $\alpha_{jk}^{(\nu)}$ der Divisionsalgebra Λ_ν ersetzt durch seine darstellende Matrix in der regulären Darstellung von Λ_ν. Im Falle $\Lambda_\nu = \mathsf{K}$ bilden die A_ν selber schon die Darstellung $\mathfrak{D}_\nu$. Die irreduzible Darstellung $\mathfrak{D}_\nu$ stellt demnach den Teilring $\mathfrak{S}_\nu$ [vgl. (1)] treu und die Ringe $\mathfrak{S}_\mu \, (\mu \neq \nu)$ durch Null dar. Sie ist vom Grade $n_\nu r_\nu$, kommt n_ν-mal in der regulären Darstellung vor und enthält, weil sie $\mathfrak{S}_\nu$ treu darstellt, $n_\nu^2 r_\nu$ linear unabhängige Matrices. Der Körper Λ_ν ist invers isomorph zu dem Körper Λ'_ν der mit der Darstellung $\mathfrak{D}_\nu$ vertauschbaren Matrices.

Zweiter Darstellungssatz. Bei einer irreduziblen und daher auch bei einer vollständig reduziblen Darstellung eines beliebigen hyperkomplexen Systems $\mathfrak{S}$ wird das Radikal $\mathfrak{c}$ durch Null dargestellt, d. h. die Darstellung läßt sich als Darstellung des halbeinfachen Systems $\mathfrak{S}/\mathfrak{c}$ auffassen.

Beweis. Sei $\mathfrak{M}$ ein irreduzibler Darstellungsmodul. Wäre nun $\mathfrak{c}\,\mathfrak{M} \neq (0)$, so wäre $\mathfrak{c}\,\mathfrak{M} = \mathfrak{M}$, also

$$\mathfrak{M} = \mathfrak{c}\,\mathfrak{M} = \mathfrak{c}^2\,\mathfrak{M} = \cdots = \mathfrak{c}^\varrho\,\mathfrak{M} = (0),$$

was nicht geht.

Folgerungen. Eine vollständig reduzible Darstellung $\mathfrak{D}$ enthält $\sum n_\nu^2 r_\nu$ linear unabhängige Matrices, wobei die Summation sich auf diejenigen irreduziblen Darstellungen $\mathfrak{D}_\nu$ von $\mathfrak{S}/\mathfrak{c}$ erstreckt, die in $\mathfrak{D}$ als Bestandteile mindestens einmal vorkommen. Die Darstellung $\mathfrak{D}$ stellt $\mathfrak{S}/\mathfrak{c}$ dann und nur dann treu dar, wenn alle $\mathfrak{D}_\nu$ mindestens einmal in ihr vorkommen.

Aus beiden Darstellungssätzen zusammen folgt: Eine treue Darstellung eines hyperkomplexen Systems $\mathfrak{S}$ ist dann und nur dann vollständig reduzibel, wenn das System $\mathfrak{S}$ halbeinfach ist. Daraus weiter: *Eine Halbgruppe $\mathfrak{g}$ aus linearen Transformationen ist dann und nur dann vollständig reduzibel, wenn das aus allen Linearkombinationen $\sum \mathsf{A}_\mu \lambda_\mu$ der Transformationen von $\mathfrak{g}$ bestehende hyperkomplexe System (die ,,lineare Hülle'' von $\mathfrak{G}$) halbeinfach ist.*

Aus einer beliebigen reduziblen Halbgruppe $\mathfrak{g}$ von linearen Transformationen erhält man ein homomorphes Bild $\mathfrak{g}'$, indem man in den Matrices von $\mathfrak{g}$ alle Matrixelemente außerhalb der irreduziblen Diagonal-

---

[14] Man findet die Überlegungen ganz ausgeführt in der schon zitierten Modernen Algebra II, § 121 und § 118.

kästchen durch Null ersetzt. Man kann dabei, indem man nötigenfalls wieder zur linearen Hülle übergeht, $\mathfrak{g}$ als hyperkomplexes System annehmen. Ist $\mathfrak{g}$ vollständig reduzibel, so ist offenbar $\mathfrak{g}$ auf $\mathfrak{g}'$ 1-isomorph abgebildet; ist dagegen $\mathfrak{g}$ nicht vollständig reduzibel, so hat $\mathfrak{g}$ ein Radikal, welches nach dem zweiten Darstellungssatz bei der Abbildung auf $\mathfrak{g}'$ in Null übergeht. Daraus folgt: *Dann und nur dann ist die Halbgruppe $\mathfrak{g}$ nicht vollständig reduzibel, wenn unter den von Null verschiedenen Linearkombinationen der Matrices von $\mathfrak{g}$ solche vorkommen, die in allen irreduziblen Diagonalkästchen lauter Nullen haben. Diese Linearkombinationen bilden das Radikal der linearen Hülle von $\mathfrak{g}$.*

Die Anzahl der linear unabhängigen Matrices in der Halbgruppe $\mathfrak{g}$ ist demnach im vollreduziblen Fall gleich, im anderen Fall größer als die Summe der Anzahlen der linear-unabhängigen Matrices ihrer wesentlich verschiedenen irreduziblen Bestandteile[15]).

Eine Darstellung $\mathfrak{D}_\nu$ heißt *absolut-irreduzibel*, wenn sie irreduzibel bleibt bei Erweiterung des Grundkörpers P zu einem algebraisch abgeschlossenen Körper Ω. Nach dem ersten Darstellungssatz (angewandt auf den Grundkörper Ω) ist in diesem Fall die Anzahl der linear unabhängigen Matrices gleich dem Quadrat des Grades der Darstellung (Satz von BURNSIDE). Daraus folgt:

$$(r_\nu n_\nu)^2 = r_\nu n_\nu^2 \quad \text{oder} \quad r_\nu = 1.$$

Dasselbe folgt auch daraus, daß nach § 11,6 die mit der Darstellung vertauschbaren Matrices skalare Vielfache der Einheitsmatrix sind. Die Überlegungen lassen sich leicht umkehren, und man findet:

Eine Darstellung $\mathfrak{D}_\nu$ ist dann und nur dann absolut-irreduzibel, wenn die Anzahl ihrer linear unabhängigen Matrices gleich dem Quadrat des Grades ist, oder wenn $\Lambda_\nu = \mathsf{P}$ ist, oder wenn alle mit der Darstellung vertauschbaren Matrices skalare Vielfache λI der Einheitsmatrix I sind.

Unter dem *allgemeinen Element* eines hyperkomplexen Systems versteht man eine Linearkombination der Basiselemente mit unbestimmten Koeffizienten. Die Willkür der Basiswahl drückt sich darin aus, daß eine willkürliche lineare Substitution der Unbestimmten zulässig ist. Die *Systemmatrix* einer Darstellung ist die darstellende Matrix des allgemeinen Elementes. Bei der Berechnung der Systemmatrix setzen wir den Koeffizientenbereich als algebraisch abgeschlossen, das System als halbeinfach voraus (die anderen Fälle lassen sich leicht auf diesen Fall zurückführen) und benutzen die durch (1) gegebene Basis $(c_{jk}^{(\nu)})$. Das allgemeine Element ist dann $\sum c_{jk}^{(\nu)} \xi_{jk}^{(\nu)}$, wo $\xi_{jk}^{(\nu)}$ Unbestimmte sind. Ist dann Δ_ν die Determinante $|\xi_{jk}^{(\nu)}|$, so ist die Systemdeterminante einer beliebigen Darstellung, welche die irreduzible Darstellung $\mathfrak{D}_\nu$ etwa s_ν-mal enthält, gleich

$$(2) \qquad\qquad \Delta = \prod_\nu \Delta_\nu^{s_\nu}.$$

---

[15]) G. FROBENIUS u. I. SCHUR: S.-B. preuß. Akad. Wiss. **1906** 209—217.

Insbesondere ist im Fall der *regulären Systemdeterminante* (der regulären Darstellung) $s_\nu = n_\nu$. Die $\varDelta_\nu$ sind offenbar verschiedene, irreduzible Formen der Unbestimmten $\xi_{jk}^{(\nu)}$ und bleiben das auch nach einer linearen Unbestimmtensubstitution.

Die Faktorzerlegung (2) der Systemdeterminante bildete bei FROBENIUS[1]) den Ausgangspunkt der Darstellungstheorie.

Aus den Sätzen dieses und des vorigen Paragraphen folgt der Satz von RABINOWITSCH[16]):

Ist $\mathfrak{S}$ ein die Identität enthaltendes halbeinfaches System (oder die lineare Hülle einer vollständig reduziblen, die Identität enthaltenden Halbgruppe) von linearen Transformationen eines Vektorraumes $\mathfrak{M}$ in sich und ist $\mathfrak{T}$ das System der mit allen Transformationen von $\mathfrak{S}$ vertauschbaren linearen Transformationen, so ist umgekehrt $\mathfrak{S}$ das System der mit allen Transformationen von $\mathfrak{T}$ vertauschbaren linearen Transformationen.

§ 13. Darstellungen endlicher Gruppen.

Die im vorangehenden bewiesenen allgemeinen Sätze über Halbgruppen linearer Substitutionen gelten natürlich insbesondere für die Darstellungen von Gruppen. Für endliche Gruppen gilt darüber hinaus der folgende *Satz von* MASCHKE:

Jede Darstellung einer endlichen Gruppe $\mathfrak{g}$ in einem Körper P, dessen Charakteristik nicht in die Gruppenordnung h aufgeht, ist vollständig reduzibel.

Wie man im Fall eines Körpers aus komplexen Zahlen den Beweis durch Konstruktion einer invarianten positiven HERMITEschen Form führen kann, haben wir in § 8 schon erwähnt. Für beliebige Körper verwendet man einen Beweis von I. SCHUR, der (kurz zusammengefaßt) so verläuft: Zunächst kann man auf Grund des Lemmas von § 12 stets annehmen, daß die Gruppeneins durch die Einheitsmatrix und daher inverse Gruppenelemente s und s^{-1} auch durch inverse Matrices dargestellt werden. Sind nun

$$A(s) = \begin{pmatrix} P(s) & 0 \\ Q(s) & R(s) \end{pmatrix}$$

---

[16]) Der Satz wurde mir vor einigen Jahren durch mündliche Mitteilung bekannt. Vgl. auch die etwas spezielleren Sätze über vertauschbare Unterringe einfacher Systeme von R. BRAUER: J. reine angew. Math. **166** (1932) 245; K. SHODA: Math. Ann. **107** (1932) 252—258 und E. NOETHER: Math. Z. **37** (1933) 514—541. BRAUER und SHODA setzen das Zentrum von K als vollkommen, BRAUER und NOETHER das System $\mathfrak{S}$ als einfach voraus. Diese Voraussetzungen sind unnötig, denn man kann den halbeinfachen Fall auf den einfachen (von NOETHER erledigten) zurückführen durch eine Zerlegung von $\mathfrak{S}$ in einfache Systeme: $\mathfrak{S} = \sum \mathfrak{S}_\nu$, welche die Zerlegungen $\mathfrak{M} = \sum \mathfrak{M}_\nu$ und $\mathfrak{T} = \sum \mathfrak{T}_\nu$ ($\mathfrak{M}_\nu = \mathfrak{S}_\nu \mathfrak{M}$; $\mathfrak{T}_\nu = $ Automorphismenring von $\mathfrak{M}_\nu$) nach sich zieht, wobei die $\mathfrak{T}_\nu$ nach § 11 wieder einfache Systeme sind.

die Matrices einer reduziblen Darstellung, so bildet man die Matrix

$$S = \frac{1}{h} \sum_{s \text{ in } \mathfrak{g}} R(s)^{-1} Q(s).$$

Dann ist

$$\begin{pmatrix} I & 0 \\ S & I \end{pmatrix} \begin{pmatrix} P(t) & 0 \\ Q(t) & R(t) \end{pmatrix} = \begin{pmatrix} P(t) & 0 \\ 0 & R(t) \end{pmatrix} \begin{pmatrix} I & 0 \\ S & I \end{pmatrix},$$

mithin das Matrixsystem $A(s)$ äquivalent einem zerfallenden System.

Das Darstellungsproblem der endlichen Gruppen läßt sich nunmehr sofort auf das schon erledigte Darstellungsproblem hyperkomplexer Systeme zurückführen, indem man aus der Gruppe $\mathfrak{g}$ den *Gruppenring* $\mathfrak{R}$ (oder $\mathfrak{R}_\mathfrak{g}$) bildet, d. h. dasjenige hyperkomplexe System, dessen Basiselemente die Elemente $s_1, \ldots, s_h$ von $\mathfrak{g}$ sind. Jede Darstellung

$$s \to A(s)$$

von $\mathfrak{g}$ läßt sich offensichtlich zu einer Darstellung

$$\sum \lambda_i s_i \to \sum \lambda_i A(s_i)$$

von $\mathfrak{R}$ erweitern. Umgekehrt liefert jede Darstellung von $\mathfrak{R}$ auch eine von $\mathfrak{g}$, da $\mathfrak{g}$ in $\mathfrak{R}$ enthalten ist. Als Grundkörper des hyperkomplexen Systems wählt man natürlich den Körper, in welchem $\mathfrak{g}$ dargestellt werden soll.

Insbesondere liefert die reguläre Darstellung von $\mathfrak{R}$, bei der $\mathfrak{R}$ selbst Darstellungsmodul ist, eine Darstellung h-ten Grades von $\mathfrak{g}$, die man ebenfalls die *reguläre Darstellung* nennt. Die Matrixelemente von $A(s)$ sind in diesem Fall

$$\alpha_{ik}(s) = \begin{cases} 1 & \text{für } s s_k = s_i \\ 0 & \text{sonst.} \end{cases}$$

Da nach dem Satz von MASCHKE jede Darstellung von $\mathfrak{g}$ vollständig reduzibel ist, ist auch die reguläre Darstellung vollständig reduzibel, d. h. $\mathfrak{R}$ zerfällt vollständig in irreduzible Linksideale: $\mathfrak{R}$ *ist halbeinfach*, immer vorausgesetzt, daß die Charakteristik von K nicht in h aufgeht. Nach dem ersten Darstellungssatz (§ 12) folgt daraus:

Alle irreduziblen Darstellungen von $\mathfrak{g}$ sind schon in der regulären enthalten und werden von den irreduziblen Linksidealen von $\mathfrak{R}$ erzeugt. Wenn die irreduzible Darstellung $\mathfrak{D}_\nu$ etwa n_ν-mal in der regulären enthalten ist, so ist ihr Grad $n_\nu r_\nu$. Der Rang von $\mathfrak{R}$ ist

$$h = \sum_1^s n_\nu{}^2 r_\nu$$

bzw. im Fall absolut-irreduzibler Darstellungen $(r_\nu = 1)$:

$$h = \sum_1^s n_\nu{}^2.$$

Eine ähnliche weitere Relation erhält man im absolut-irreduziblen Fall aus der Abzählung des Ranges des Zentrums von $\mathfrak{R}$ (vgl. später,

§ 15). Dieser Rang ist einerseits gleich der Anzahl s der inäquivalenten Darstellungen, andererseits gleich der Anzahl der Klassen konjugierter Gruppenelemente. *Mithin ist die Anzahl der inäquivalenten absolut-irreduziblen Darstellungen gleich der Anzahl der Klassen konjugierter Gruppenelemente.*

Denkt man sich den Grundkörper K so erweitert, daß alle Darstellungen in absolut-irreduzible zerfallen, so wird der Gruppenring $\mathfrak{R}$ direkte Summe von vollen Matrixringen $\mathfrak{S}$ über K mit Matrixeinheiten $c_{ik}^{(\nu)}$, und man hat für jedes Gruppenelement s einen Ausdruck

$$(1) \qquad s = \sum_{\nu}\sum_{i,j} \alpha_{ij}^{(\nu)}(s)\, c_{ij}^{(\nu)}.$$

Die $\alpha_{ik}^{(\nu)}(s)$ sind nach § 12 genau die Matrixelemente der darstellenden Matrix $A_\nu(s)$ von s in der Darstellung $\mathfrak{D}_\nu$.

Bei den *abelschen Gruppen* sind die absolut-irreduziblen Darstellungen vom Grad 1, d. h. die Matrices haben nur ein Element, welches, als Funktion des Gruppenelementes a aufgefaßt, ein *Charakter* $\chi(a)$ heißt. Die Charaktere einer abelschen Gruppe sind also Funktionen $\chi(a)$ der Gruppenelemente a mit der Eigenschaft

$$\chi(ab) = \chi(a) \cdot \chi(b).$$

Da eine endliche abelsche Gruppe direktes Produkt von zyklischen Gruppen $\mathfrak{C}_1 \mathfrak{C}_2 \ldots \mathfrak{C}_r$ mit den Erzeugenden $c_1, \ldots, c_r$ und den Ordnungen $l_1, \ldots, l_r$ ist, sind ihre Charaktere mühelos aufzustellen: man ordne jedem c_ν eine beliebige l_ν-te Einheitswurzel ζ_ν zu und setze

$$\chi(c_1^{\varrho_1} c_2^{\varrho_2} \ldots c_r^{\varrho_r}) = \zeta_1^{\varrho_1} \zeta_2^{\varrho_2} \ldots \zeta_r^{\varrho_r}.$$

Das Produkt zweier Charaktere ist wieder ein Charakter. Die Charaktere einer endlichen abelschen Gruppe bilden eine zu der gegebenen Gruppe isomorphe abelsche Gruppe $\mathfrak{C}$. Jeder Untergruppe $\mathfrak{h}$ der gegebenen Gruppe $\mathfrak{g}$ entspricht eineindeutig eine Untergruppe $\mathfrak{U}$ der Charakterengruppe, welche durch

$$\chi(a) = 1 \ \text{für } a \text{ in } \mathfrak{h},\ \chi \text{ in } \mathfrak{U}$$

gekennzeichnet ist. Dabei ist $\mathfrak{C}/\mathfrak{U} \cong \mathfrak{h}$ und $\mathfrak{g}/\mathfrak{h} \cong \mathfrak{U}$, weil $\mathfrak{C}/\mathfrak{U}$ die Charakterengruppe von $\mathfrak{h}$ und $\mathfrak{U}$ die von $\mathfrak{g}/\mathfrak{h}$ ist.

In genau entsprechender Weise kann man auch bei beliebigen endlichen Gruppen $\mathfrak{g}$ jeden Normalteiler $\mathfrak{h}$ dadurch charakterisieren, daß den Elementen von $\mathfrak{h}$ in einigen ganz bestimmten Darstellungen von $\mathfrak{g}$ die Einheitsmatrix entspricht oder, was im Fall eines Körpers von der Charakteristik Null auf dasselbe hinauskommt, daß die Spuren der darstellenden Matrices der Elemente von $\mathfrak{h}$ gleich dem Grade der Darstellung (oder der Spur der Einheitsmatrix) sind. Auf dieser Methode beruhen gewisse Anwendungen der Darstellungstheorie, bei denen es sich darum handelt, die Existenz von Normalteilern aus den Eigenschaften der Gruppencharaktere zu erschließen[17]).

Sind $s \to A(s)$ und $s \to B(s)$ zwei absolut-irreduzible Darstellungen einer endlichen Gruppe $\mathfrak{g}$ und ist C eine ganz beliebige Matrix, so ist

$$P = \sum_{t \text{ in } \mathfrak{g}} A(t) C B(t^{-1})$$

eine Matrix mit der Eigenschaft

$$A(s) P = PB(s).$$

Daraus folgt nach dem SCHURschen Lemma, daß $P = 0$ ist, wenn die Darstellungen $A(s)$ und $B(s)$ inäquivalent sind; sind sie aber gleich, so ist $P = \lambda I$ nach § 11,6. Schreibt man die Matrixgleichungen $P = 0$ bzw. $P = \lambda I$ aus und beachtet, daß die Matrixelemente von C ganz beliebig waren, so folgt

$$\sum_t \alpha_{ij}(t) \beta_{kl}(t^{-1}) = \begin{cases} 0, & \text{wenn } A(s) \text{ inäq. } B(s) \\ \omega_{jk} \delta_{il} & \text{für } A(s) = B(s). \end{cases}$$

Da für $\alpha_{ij} = \beta_{ij}$ die linke Seite die Vertauschung $(ik)(jl)$ gestattet, so kann ω_{jk} nur $= \omega \delta_{jk}$ sein. Wir können daher unsere Relation auch so schreiben:

$$(2) \qquad \sum_t \alpha_{ij}^{(\nu)}(t) \alpha_{kl}^{(\mu)}(t^{-1}) = \begin{cases} \omega & \text{für } \nu = \mu, \ i = l, \ j = k \\ 0 & \text{sonst.} \end{cases}$$

Setzt man $j = k$ und summiert über k, so ergibt sich, wenn h die Ordnung der Gruppe und n_ν der Grad der Darstellung ist:

$$h \cdot 1 = n_\nu \omega.$$

Ist h nicht durch die Charakteristik des Körpers teilbar, so kann n_ν es auch nicht sein, und wir erhalten

$$\omega = \frac{h}{n_\nu} 1.$$

Aus (2) folgt, indem man mit $\alpha_{hi}^{(\nu)}(s)$ multipliziert und über i summiert, die allgemeinere Relation

$$(3) \qquad \sum_t \alpha_{hj}^{(\nu)}(st) \alpha_{kl}^{(\mu)}(t^{-1}) = \begin{cases} \omega \, \alpha_{hl}^{(\nu)}(s) & \text{für } \mu = \nu, \ j = k \\ 0 \text{ sonst.} \end{cases}$$

Die Relation (2) kann dazu benutzt werden, (1) nach $c_{ij}^{(\nu)}$ aufzulösen. Multipliziert man (1) mit $\frac{1}{h} n_\nu \alpha_{kl}^{(\nu)}(s^{-1})$ und summiert über s, so bekommt man

$$(4) \qquad c_{lk}^{(\nu)} = \frac{n_\nu}{h} \sum_s \alpha_{kl}^{(\nu)}(s^{-1}) s.$$

---

[17]) Siehe etwa A. SPEISER: Theorie der Gruppen von endlicher Ordnung. 2. Aufl., Berlin 1927, Kap. 13.

§ 14. Beschränkte Darstellungen beliebiger Gruppen.

Die in § 13 entwickelte Darstellungstheorie der endlichen Gruppen läßt sich nach J. von Neumann[18]) auf beschränkte Darstellungen beliebiger Gruppen $\mathfrak{G}$ im Körper der komplexen Zahlen übertragen, d. h. auf solche Darstellungen, bei denen die Matrixelemente $d_{ik}(x)$ der darstellenden Matrices $D(x)$ der Gruppenelemente x gleichmäßig beschränkte komplexwertige Funktionen von x sind.

An Stelle des in § 13 benutzten Gruppenringes tritt im allgemeinen Fall der *Ring der fastperiodischen Funktionen auf* $\mathfrak{G}$. Eine für alle x aus $\mathfrak{G}$ definierte komplexwertige Funktion $f(x)$ heißt *fastperiodisch* (f. p.) auf $\mathfrak{G}$, wenn man aus jeder Folge von Funktionen $f(a_\nu x b_\nu)$ eine gleichmäßig konvergente Teilfolge auswählen kann)[19].

Ein *Mittelwert* einer f. p. Funktion $f(x)$ wird definiert als eine Konstante A, die (als konstante Funktion auf $\mathfrak{G}$ betrachtet) gleichmäßig beliebig genau durch Funktionen der Gestalt

$$c_1 f(a_1 x b_1) + c_2 f(a_2 x b_2) + \cdots + c_n f(a_n x b_n)$$

mit $c_1 + \cdots + c_n = 1$ approximiert werden kann. Man beweist, daß es einen und nur einen Mittelwert gibt, der eine lineare Funktion von $f(x)$ ist[18]). Wir bezeichnen ihn mit Mf oder $M_x f(x)$, wenn die Variable x angedeutet werden soll, in Beziehung auf die der Mittelwert gebildet ist.

Die Matrixelemente $d_{ik}(x)$ einer beschränkten Darstellung sind f. p. Funktionen von x, denn die $d_{ik}(a_\nu x b_\nu)$ sind Linearkombinationen der endlich vielen Funktionen $d_{jl}(x)$ mit beschränkten Koeffizienten:

$$d_{ik}(a_\nu x b_\nu) = \sum_j \sum_l d_{ij}(a_\nu)\, d_{jl}(x)\, d_{lk}(b_\nu).$$

Mit Hilfe der oben erklärten Mittelwertbildung beweist man genau wie in § 8, daß jede beschränkte Darstellung von $\mathfrak{G}$ eine positive Hermitesche Form invariant läßt, also äquivalent einer unitären ist. Daraus oder aus dem direkten Beweis von Schur (§ 13) folgt dann weiter, daß jede reduzible beschränkte Darstellung vollständig reduzibel ist.

Schließlich beweist man wie in § 13 die Relationen

$$(1) \qquad \begin{cases} M_y\, d_{ij}(x\, y^{-1})\, d_{kl}(y) = \dfrac{1}{n}\, \delta_{jk}\, d_{il}(x) \\[2mm] M_y\, d_{ij}(x\, y^{-1})\, d'_{kl}(y) = 0 \quad \text{für } \mathfrak{D} \text{ inäquivalent } \mathfrak{D}', \end{cases}$$

in denen $d_{ij}(x)$ die Matrixelemente einer irreduziblen Darstellung $\mathfrak{D}$ vom Grade n und d'_{ij} die einer anderen irreduziblen Darstellung $\mathfrak{D}'$ bedeuten.

---

[18]) J. von Neumann: Trans. Amer. Math. Soc. **36** (1934) 445—492.

[19]) Nach Bochner: Math. Ann. **96** (1927) 119—147 ist diese Definition in dem Fall, daß $\mathfrak{G}$ die additive Gruppe der reellen Zahlen und $f(x)$ eine stetige Funktion ist, äquivalent der ursprünglichen Bohrschen. Siehe für diese Bohr: Ergeb. Math. I, 5 (1932).

Das *Produkt* $f \times g$ zweier f. p. Funktionen wird durch

$$f \times g\,(x) = M_y(f(x\,y^{-1})\,g\,(y)) = M_y(f\,(y)\,g\,(y^{-1}\,x))$$

definiert. Es bildet das Analogon zum Produkt zweier Elemente $\frac{1}{h} \cdot \sum f(y)\,y$ und $\frac{1}{h} \cdot \sum g(z)\,z$ des Gruppenringes $\Re_\mathfrak{G}$ in § 13, welches ja durch

$$\left(\frac{1}{h}\sum f(y)\,y\right)\left(\frac{1}{h}\sum g(z)\,z\right) = \frac{1}{h}\sum_x \left\{\frac{1}{h}\sum_{y\,z\,=\,x} f(y)\,g(z)\right\} x$$

$$= \frac{1}{h}\sum_x \left\{\frac{1}{h}\sum_y f(y)\,g(y^{-1}\,x)\right\} x$$

definiert wird. Die Produktbildung ist assoziativ und distributiv zur gewöhnlichen Addition $f(x) + g(x)$, also bilden die f. p. Funktionen unter dieser Multiplikation und Addition einen Ring, den wir mit $\Re_\mathfrak{G}$ bezeichnen.

Mit Hilfe des Produktzeichens kann man für (1) auch schreiben

$$(2) \qquad \begin{cases} d_{ij} \times d_{kl}(x) = \dfrac{1}{n}\,\delta_{jk}\,d_{il}(x)\,, \\[2mm] d_{ij} \times d'_{kl}(x) = 0\,. \end{cases}$$

Diese Relationen besagen, daß die Funktionen

$$(3) \qquad\qquad c_{ij}(x) = n\,d_{ij}(x)$$

genau die Gleichungen erfüllen, die für die Matrixeinheiten eines vollen Matrixringes über dem Körper K charakteristisch sind (vgl. § 12). Zu jeder irreduziblen Darstellung $\mathfrak{D}_\nu$ gehört daher ein voller Matrixring $\mathfrak{S}_\nu$ in $\Re_\mathfrak{G}$, wobei zu äquivalenten $\mathfrak{D}$ der gleiche Matrixring gehört und wobei zwei verschiedene $\mathfrak{S}_\nu$ sich nach (2) gegenseitig annullieren.

Die Darstellungen $\mathfrak{D}$ lassen sich auch durch Darstellungsmoduln erzeugen, die als Rechtsideale in $\Re_\mathfrak{G}$ gewählt werden können. Zu diesem Zweck erklären wir die Multiplikation einer Funktion $f(x)$ mit einem Gruppenelement a durch[20]

$$(4) \qquad\qquad a\,f(x) = f(x\,a)\,.$$

Dann gelten die Regeln

$$a\,(f + g) = a\,f + a\,g$$
$$a\,(f \times g) = \ f \times a\,g$$
$$a\,(b\,f) \ \ = (a\,b)\,f\,.$$

Der Ring $\Re_\mathfrak{G}$ ist also ein $\mathfrak{G}$-Modul. Wenn ein Untermodul endlichen Ranges $\mathfrak{m} = (g_1, \ldots, g_n)$ die Multiplikation mit den Gruppenelementen

---

[20] Um die Analogie mit den Formeln (4) § 13 zu wahren, hätten wir eigentlich statt (3) $c_{ij}(x) = n\,d_{ji}(x^{-1})$ und statt (4) $a\,f(x) = f(a^{-1}\,x)$ schreiben müssen. Jedoch werden die Formeln einfacher, wenn man es so macht wie oben.

gestattet, so vermittelt er eine Darstellung $y \to d_{ik}(y)$ vermöge

$$(5) \qquad y \cdot g_k(x) = g_k(xy) = \sum_i g_i(x) d_{ik}(y).$$

Ein solcher Modul $\mathfrak{m}$ ist gleichzeitig auch Rechtsideal in $\mathfrak{R}_\mathfrak{G}$ wegen

$$g_k \times f(x) = M_y g_k(xy^{-1}) f(y) = M_y \sum g_i(x) d_{ik}(y^{-1}) f(y) = \sum g_i(x) \cdot \beta_{ik}$$

mit $\qquad\qquad \beta_{ik} = M_y (d_{ik}(y^{-1}) f(y)).$

Zerlegt man $\mathfrak{m}$ in irreduzible Darstellungsmoduln $\mathfrak{m}_\nu$, wobei $\mathfrak{m}_\nu$ etwa die Darstellung $\mathfrak{D}_\nu$ erfährt, so ist $\mathfrak{m}_\nu$ im Ring $\mathfrak{S}_\nu$ enthalten, denn aus (5) folgt für $x = 1$ wegen (3)

$$g_k(y) = \sum' g_i(1) d_{ik}(y) = \sum' \frac{g_i(1)}{n} c_{ik}(y).$$

Umgekehrt vermittelt ein minimales Rechtsideal des Ringes $\mathfrak{S}_\nu$, z. B. das Ideal $\mathfrak{r}_\nu = (c_{11}, c_{12}, \ldots, c_{1n})$, genau die Darstellung $\mathfrak{D}_\nu$, wie man leicht nachrechnet.

Die irreduziblen Darstellungen von $\mathfrak{R}_\mathfrak{G}$ werden also genau entsprechend § 14 durch die minimalen Rechtsideale der Ringe $\mathfrak{S}_\nu$ vermittelt.

Der Ring $\mathfrak{S}_\nu$ selber ist auch ein $\mathfrak{G}$-Modul, also ein Rechts-, aber ebenso auch ein Linksideal in $\mathfrak{R}_\mathfrak{G}$.

Den Schlußstein der Theorie bildet der Nachweis der Vollständigkeit des Funktionensystems d_{ik} oder c_{ik}. Darunter wird folgendes verstanden.

Definiert man in $\mathfrak{R}_\mathfrak{G}$ das *skalare Produkt* zweier Funktionen f, g durch

$$(f, g) = M_y f(y) \overline{g(y)} = g^\dagger \times f(1) = f \times g^\dagger(1), \quad \text{wo} \quad g^\dagger(x) = \overline{g(x^{-1})},$$

und die *Norm* oder *Länge* durch

$$N(f) = \sqrt{(f, f)} = \sqrt{M_y |f(y)|^2},$$

so wird $\mathfrak{R}_\mathfrak{G}$ dadurch zu einem verallgemeinerten HILBERTschen Raum[21]), in welchem man auf Grund der Definition der Entfernung durch $N(f - g)$ eine Topologie einführen kann. Ein Funktionensystem $f_1, f_2, \ldots$ heißt nun *vollständig*, wenn die Linearkombinationen $\gamma_1 f_1 + \gamma_2 f_2 + \cdots + \gamma_r f_r$ in $\mathfrak{R}_\mathfrak{G}$ überall dicht liegen, d. h. jeder f. p. Funktion f beliebig nahe kommen:

$$N(\gamma_1 f_1 + \gamma_2 f_2 + \cdots + \gamma_r f_r - f) < \varepsilon$$

für jedes $\varepsilon > 0$ mit passenden γ_i.

J. v. NEUMANN betrachtet nach dem Vorbild von PETER und WEYL[22]) zum Nachweis der Vollständigkeit der $c_{ik}(x)$ die „Integralgleichung"

$$f \times f^\dagger \times \psi = \gamma \psi.$$

Wir geben hier einen abgeänderten Beweis, der in Anlehnung an G. KÖTHE[23]) möglichst wenig von der Integralgleichungstheorie, dafür aber mehr algebraische Schlüsse benutzt.

[21]) F. RELLICH: Math. Ann. **110** (1934) 342—356.
[22]) F. PETER u. H. WEYL: Math. Ann. **97** (1927) 737—755.
[23]) G. KÖTHE: Math. Ann. **103** (1930) 545—572.

Die Funktionen $c_{ik}^{(\nu)}$ erzeugen den vollen Matrixring $\mathfrak{S}_\nu$, dessen Einselement

$$e_\nu = \sum c_{ii}^{(\nu)}$$

ist. Aus der Unitarität der Darstellung $\mathfrak{D}_\nu$ folgt leicht $e_\nu^\dagger = e_\nu$.

Jede f. p. Funktion f kann nun zerlegt werden in eine Komponente in $\mathfrak{S}_\nu$ und eine dazu orthogonale:

$$f = f \times e_\nu + (f - f \times e_\nu).$$

Man überzeugt sich leicht, daß das skalare Produkt von $f - f \times e_\nu$ mit einem Element $g \times e_\nu$ von $\mathfrak{S}_\nu$ tatsächlich Null ist:

$$(f - f \times e_\nu, g \times e_\nu) = (f - f \times e_\nu) \times e_\nu^\dagger \times g^\dagger (1) \ ^{24)}$$
$$= f \times e_\nu \times g^\dagger (1) - f \times e_\nu \times e_\nu \times g^\dagger (1) = 0.$$

Die Komponente von f in $\mathfrak{S}_\nu$ kann auch in der Form $e_\nu \times f$ geschrieben werden. Da nämlich $e_\nu \times f$ und $f \times e_\nu$ beide zu $\mathfrak{S}_\nu$ gehören und da e_ν das Einselement von $\mathfrak{S}_\nu$ ist, hat man

$$f \times e_\nu = e_\nu \times f \times e_\nu = e_\nu \times f.$$

Die Komponenten von f in verschiedenen $\mathfrak{S}_\nu$ sind gegenseitig orthogonal. Es seien nun $\mathfrak{S}_1, \mathfrak{S}_2, \ldots, \mathfrak{S}_\mu$ endlich viele $\mathfrak{S}_\nu$. Wir bilden die Summe

$$f_\mu = f \times e_1 + f \times e_2 + \cdots + f \times e_\mu.$$

Dann ist $f - f_\mu$ zu f_μ orthogonal, also

$$(6) \quad \begin{cases} N(f) = N(f_\mu) + N(f - f_\mu) \\ \geqq N(f_\mu) = N(f \times e_1) + N(f \times e_2) + \cdots + N(f \times e_\mu). \end{cases}$$

Aus (6) folgt, daß höchstens eine beschränkte Anzahl n von Normen $N(f \times e_\nu) \geqq \dfrac{Nf}{n}$ sein kann. Indem man der Reihe nach $n = 1, 2, 3, \ldots$ setzt, folgt, daß die e_ν mit $f \times e_\nu \neq 0$, d. h. mit $N(f \times e_\nu) > 0$ in eine abzählbare Reihe gebracht werden können. Wir nennen sie $e_1, e_2, e_3, \ldots$ Aus (6) folgt nun, daß die Reihe

$$(7) \quad N(f \times e_1) + N(f \times e_2) + \cdots$$

konvergiert mit einer Summe $\leqq Nf$ (BESSELsche Ungleichung). Die Vollständigkeit des Funktionensystems $c_{ik}^{(\nu)}$ wird bewiesen sein, wenn wir zeigen können, daß $\lim\limits_{\nu \to \infty} N(f_\nu - f) = 0$ ist.

Aus der Konvergenz der Reihe $N(f \times e_1) + N(f \times e_2) + \cdots$ folgt jedenfalls, daß die Folge der f_ν die „CAUCHYsche Konvergenzbedingung" erfüllt:

$$N(f_\nu - f_\mu) = N(f \times e_{\mu+1} + \cdots + f \times e_\nu) < \varepsilon \quad \text{für} \quad \nu > \mu > n(\varepsilon).$$

Wir beweisen nun einen *Hilfssatz:*

---

24) Dabei wurde die Rechenregel $(g \times h)^\dagger = h^\dagger \times g^\dagger$ benutzt.

Wenn die Folgen von f.p. Funktionen f_ν und g_ν beide die CAUCHY*sche Konvergenzbedingung erfüllen, so konvergiert $h_\nu(x) = f_\nu \times g_\nu(x)$ gleichmäßig gegen eine f.p. Funktion $h(x)$.*

Beweis. Die obere Grenze von $N(f_\nu)$ und $N(g_\nu)$ sei M. Dann ist

$$|f_\nu \times g_\nu(x) - f_\mu \times g_\mu(x)| \leqq |(f_\nu - f_\mu) \times g_\nu(x)| + |f_\mu \times (g_\nu - g_\mu)(x)|$$
$$\leqq N(f_\nu - f_\mu) \cdot N g_\nu + N f_\mu \cdot N(g_\nu - g_\mu) < 2M\varepsilon$$

für $\nu > \mu > n(\varepsilon)$. Die Folge der $h_\nu(x)$ konvergiert also gleichmäßig gegen eine Grenzfunktion $h(x)$. Ein gleichmäßiger Limes von f.p. Funktionen ist aber wieder eine f.p. Funktion, was aus der Definition der f.p. Funktionen unmittelbar folgt.

Wir wenden den Hilfssatz an auf die Funktionenfolge $f_\nu - f$ und die dazu „adjungierte" $f_\nu^\dagger - f^\dagger$, wir setzen also

$$h_\nu = (f_\nu - f) \times (f_\nu^\dagger - f^\dagger).$$

Dann ist $h_\nu^\dagger = h_\nu$ [24]), also gilt für die Grenzfunktion $h(x)$ ebenfalls $h^\dagger = h$. Weiter ist h_ν zu allen $\mathfrak{S}_\mu$ mit $\mu \leqq \nu$ orthogonal:

$$e_\mu \times h_\nu = e_\mu \times (f_\nu - f) \times (f_\nu^\dagger - f^\dagger) = 0,$$

und dasselbe gilt für alle die e_μ, die nicht in der Folge $e_1, e_2, \ldots$ vorkommen. Daher ist auch h zu allen $\mathfrak{S}_\mu$ orthogonal:

$$(8) \qquad e_\mu \times h = 0.$$

Schließlich ist $h_\nu(1) = N(f_\nu - f)$, also $h(1) = \lim N(f_\nu - f)$. Wenn $N(f_\nu - f)$ nicht gegen Null streben würde, wäre also $h(x)$ eine von Null verschiedene, zu allen $\mathfrak{S}_\nu$ orthogonale f.p. Funktion. Wir werden zeigen, daß das unmöglich ist.

Zu diesem Zweck betrachten wir das Eigenwertproblem

$$(9) \qquad h \times \psi = \lambda \psi.$$

Mit den Methoden der E. SCHMIDTschen Theorie der Integralgleichungen kann man, wie bei WEYL und PETER[22]) sowie bei v. NEUMANN[18]) näher ausgeführt ist, beweisen, daß es mindestens einen von Null verschiedenen Eigenwert und eine dazugehörige Eigenfunktion gibt. Dasselbe folgt auch aus der allgemeinen Theorie der vollstetigen linearen Operatoren im verallgemeinerten HILBERTschen Raum[21]). Die zum Eigenwert λ gehörigen Eigenfunktionen ψ bilden, wie in derselben Theorie gezeigt wird, einen Modul $\mathfrak{m}$ endlichen Ranges, welcher die Multiplikation mit den Elementen y von $\mathfrak{G}$ gestattet; denn aus $h \times \psi = \lambda \psi$ folgt

$$h \times y\psi = y(h \times \psi) = y\lambda\psi = \lambda \cdot y\psi.$$

Nach unseren Sätzen enthält der Modul $\mathfrak{m}$ einen irreduziblen Untermodul $\mathfrak{m}_\nu$, der in einem Ring $\mathfrak{S}_\nu$ enthalten ist. Das heißt, unter den Eigenfunktionen ψ kommt ein Element ψ_ν von $\mathfrak{S}_\nu$ vor:

$$(10) \qquad h \times \psi_\nu = \lambda \psi_\nu; \quad \lambda \neq 0, \ \psi_\nu \neq 0, \ \psi_\nu \text{ in } \mathfrak{S}_\nu.$$

Das Einselement e_v von $\mathfrak{S}_v$ annulliert die linke Seite von (10) wegen (8), aber es annulliert die rechte Seite nicht. Das ist unmöglich. — Also strebt $N(f_v - f)$ doch gegen Null.

Über die Vollständigkeit hinaus hat v. Neumann[18]) mit einer Methode von N. Wiener die gleichmäßige Approximierbarkeit der f.p. Funktionen durch Linearkombinationen der $d_{ik}(x)$ bewiesen.

Alle obigen Sätze und Beweise bleiben wörtlich gelten, wenn man sich in einer *topologischen Gruppe*[25]) auf *stetige f. p. Funktionen* und stetige Darstellungen beschränkt.

Es gibt kontinuierliche Gruppen, auf denen alle beschränkten Darstellungen und daher auch alle f.p. Funktionen stetig sind[26]), nämlich die halbeinfachen kontinuierlichen Gruppen, deren Darstellungstheorie Cartan und Weyl[27]) entwickelt haben. Es gibt sogar Gruppen, die außer der Einsdarstellung keine beschränkten Darstellungen besitzen und auf denen daher die Konstanten die einzigen f.p. Funktionen sind. Die reelle projektive Gruppe $PSL(n, P)$ gehört dazu. Es gibt aber auch Gruppen, auf denen alle stetigen Funktionen f.p. sind. Ersichtlich ist das bei den kompakten topologischen Gruppen der Fall. Bei diesen Gruppen gilt also der Vollständigkeitssatz sogar für alle stetigen Funktionen. Für eine eingehendere Untersuchung dieser verschiedenen Möglichkeiten verweisen wir auf v. Neumann[18]).

Die absolut-irreduziblen beschränkten Darstellungen *abelscher Gruppen* $\mathfrak{G}$ sind durch einreihige Matrices, also durch komplexe Zahlen vom Betrage Eins gegeben; diese heißen wieder *Charaktere* $\chi(a)$. Man erhält sie nach Paley und Wiener[28]) oder nach Alexander[28a]), indem man die Erzeugenden von $\mathfrak{G}$ wohlordnet und den Wert eines Charakters χ für jede Erzeugende a so bestimmt, daß aus

$$a^h = \prod_v a_v{}^{h_v},$$

wo die a_v dem a in der Wohlordnung vorangehen, folgt

$$\chi(a)^h = \prod_v \chi(a_v)^{h_v}.$$

Eine andere Methode, die von A. Haar[29]) für abzählbare abelsche Gruppen angegeben und von v. Neumann[18]) auf separable, im kleinen kompakte topologische abelsche Gruppen ausgedehnt wurde, liefert im allgemeinen nicht alle Charaktere, sondern nur eine Schar von Charak-

---

[25]) Für diesen Begriff siehe F. Leja: Fundam. Math. **9** (1927) 37—44. — R. Baer: J. reine angew. Math. **160** (1929) 208—226. — D. van Dantzig: Studien over topologische algebra, Diss. Groningen 1931.

[26]) B. L. van der Waerden: Math. Z. **36** (1933) 780—786.

[27]) Siehe Fußnoten 73 und 74 in I, § 8. Vgl. auch Fußnote 22.

[28]) N. Wiener u. R. E. A. C. Paley: Proc. Nat. Acad. Sci. U.S.A. **19** (1933) 253—257.

[28a]) J. F. Alexander: Ann. of Math., II. s. **35** (1934) 389—395.

[29]) A. Haar: Math. Z. **33** (1931) 129—159.

teren $\varphi(a,\lambda)$, BAIREsche Funktionen eines reellen Parameters λ, die im topologischen Fall auch stetige Funktionen von a sind, mit der Eigenschaft, daß aus $\lim\varphi(a_\nu,\lambda)=1$ für alle λ folgt $\lim a_\nu=1$. Ist $\mathfrak{G}$ abzählbar, so bilden die $\chi(a,\lambda)$ als Funktionen von λ ein vollständiges Orthogonalsystem in bezug auf eine monotone Belegungsfunktion[29]).

Die *stetigen Charaktere* einer *abelschen topologischen Gruppe* bilden wieder eine abelsche topologische Gruppe Γ, wenn Produkte und Limites in Γ durch

$$\begin{cases} \psi\cdot\chi(a)=\psi(a)\cdot\chi(a) \\ \lim\chi_\nu=\chi, \text{ wenn } \lim\chi_\nu(a)=\chi(a) \text{ für alle } a \end{cases}$$

definiert werden. Ist $\mathfrak{G}$ diskret und abzählbar, so ist Γ ersichtlich kompakt; ist andererseits $\mathfrak{G}$ kompakt, so ist Γ diskret und abzählbar[30]). Ist $\mathfrak{G}$ im kleinen kompakt und separabel, so ist Γ es auch[30a]). Die Gruppen $\mathfrak{G}$ und Γ bilden in allen diesen Fällen ein *Gruppenpaar* im Sinne von L. PONTRJAGIN[30]), d. h. zu jedem a aus $\mathfrak{G}$ und χ aus Γ ist ein *Produkt* $\chi\cdot a=\chi(a)$ definiert, welches eine reelle Zahl vom Betrage Eins ist, die stetig von χ und a einzeln abhängt und die distributiven Eigenschaften

$$\chi a\cdot\chi b=\chi\cdot ab; \qquad \psi a\cdot\chi a=\psi\chi\cdot a$$

besitzt. Außerdem ist das Gruppenpaar *orthogonal*, d. h. aus $\chi a=1$ für ein χ und alle a folgt $\chi=1$, und aus $\chi a=1$ für ein a und alle χ folgt $a=1$.

In dem Fall, daß $\mathfrak{G}$ diskret-abzählbar, also Γ kompakt ist, entspricht nach PONTRJAGIN[30]) jeder Untergruppe $\mathfrak{H}$ von $\mathfrak{G}$ eineindeutig eine abgeschlossene Untergruppe Φ von Γ, so daß Φ besteht aus den χ mit $\chi a=1$ für alle a aus $\mathfrak{H}$, und daß umgekehrt $\mathfrak{H}$ besteht aus den a mit $\chi a=1$ für alle a aus Φ. Weiter gilt: *Bilden $\mathfrak{G}$ und Γ ein orthogonales Gruppenpaar und ist $\mathfrak{G}$ abzählbar und Γ kompakt, so ist Γ die Charakterengruppe von $\mathfrak{G}$ und $\mathfrak{G}$ die Gruppe der stetigen Charaktere von Γ.* Daraus folgt: *Ist Γ die Charakterengruppe von $\mathfrak{G}$, so ist $\mathfrak{G}$ die Gruppe der stetigen Charaktere von Γ, und umgekehrt.*

E. R. VAN KAMPEN[30a]) hat diese Sätze auf Paare von im kleinen kompakten, separablen abelschen Gruppen übertragen.

§ 15. Spuren und Charaktere.

1. Definition und allgemeine Eigenschaften.

Ist eine Darstellung $\mathfrak{D}$ einer Halbgruppe $\mathfrak{g}$ vorgelegt, so betrachten wir die Spur der darstellenden Matrix A eines Elementes a als Funktion von a und bezeichnen sie mit $S_{\mathfrak{D}}(a)$ oder mit $S(a)$. Ist speziell $\mathfrak{g}$ eine

---

[30]) L. PONTRJAGIN: Ann. of Math., II. s. **35** (1934) 361—388.

[30a]) E. R. VAN KAMPEN: Proc. Nat. Acad. Sci. U.S.A. **20** (1934) 434—436. Eine weitere Arbeit desselben Autors, in welcher die Charakterentheorie systematisch entwickelt werden soll, erscheint in Ann. of Math. **36** (1935).

Gruppe, so ist $S(b^{-1}ab) = S(a)$. Die Spur hängt also nur von der Klasse des Gruppenelementes a ab.

Die Spur einer Matrix eines reduziblen Systems ist die Summe der Spuren der irreduziblen Bestandteile. Kommen also in einer Darstellung einer Halbgruppe $\mathfrak{g}$ die irreduziblen Darstellungen $\mathfrak{D}_\nu$ je k_ν-mal als Diagonalbestandteile vor, so ist

$$(1) \qquad S_\mathfrak{D}(a) = \sum k_\nu S_{\mathfrak{D}_\nu}(a).$$

Ist $\mathfrak{g}$ ein hyperkomplexes System, so sind die Spuren der Elemente des Radikals stets Null, da sie in allen irreduziblen Darstellungen durch Null dargestellt werden. Die Spur in der regulären Darstellung heißt die *reguläre Spur*.

Die Spur eines Elementes s einer endlichen Gruppe in der regulären Darstellung ist Null für $s \neq 1$ und gleich der Gruppenordnung h für $s = 1$, wie man unmittelbar aus der Formel für die Matrixelemente der regulären Darstellung (§ 13) entnimmt.

In Körpern mit der Charakteristik Null gilt der Satz:

Zwei vollreduzible Darstellungen $\mathfrak{D}$, $\mathfrak{D}'$ einer Halbgruppe $\mathfrak{g}$ sind äquivalent, sobald ihre Spuren übereinstimmen [15]).

Ohne die Voraussetzung der Charakteristik Null gilt der zitierte Satz nicht allgemein, wohl aber für zwei irreduzible Darstellungen. Die Spuren der absolut irreduziblen Darstellungen einer Halbgruppe heißen *Charaktere* und werden mit $\chi(a)$ oder $\chi_\nu(a)$ bezeichnet. Da man durch Übergang zum algebraisch abgeschlossenen Körper jede Darstellung absolut ausreduzieren kann, so ist *jede Spur Summe von Charakteren* [31]). Ebenso ist die Spur eines einzelnen Gruppenelementes Summe von Charakteren einer zyklischen Gruppe, mithin im Fall einer endlichen Gruppe Summe von Einheitswurzeln.

2. Die Kroneckersche Produktdarstellung.

Sind zwei Darstellungen einer Halbgruppe $\mathfrak{g}$ durch lineare Transformationen der Vektorräume $(u_1, \ldots, u_m)$ und $(v_1, \ldots, v_n)$ gegeben, so kann man die Basisvektoren u_i, v_j als Unbestimmte auffassen und die $m \cdot n$ Produkte $u_i v_j$ bilden; diese werden bei der Gruppe $\mathfrak{g}$ ebenfalls linear transformiert. Sind $A = (\alpha_{ik})$ und $B = (\beta_{jl})$ die darstellenden Matrices eines Gruppenelementes s in den beiden gegebenen Darstellungen, so ist $\gamma_{ij,kl} = \alpha_{ik}\beta_{jl}$ (i, j Zeilen-, k, l Spaltenindices) die Matrix, nach der die $u_i v_j$ transformiert werden; man nennt sie die Kroneckersche *Produktmatrix* $A \times B$. Die Produkttransformationen bilden wieder eine Darstellung von $\mathfrak{g}$: die *Produktdarstellung*. Die Spur der Produktmatrix ist gleich dem Produkt der Spuren der Matrices A und B.

---

[31]) Man bezeichnet eine beliebige ganzzahlige Linearkombination von Charakteren und insbesondere die Spur einer beliebigen Darstellung auch als einen *zusammengesetzten Charakter*.

Bezeichnet man die irreduziblen Darstellungen einer Halbgruppe mit $\mathfrak{D}_1, \mathfrak{D}_2, \ldots$, und nimmt man an, daß die Produktdarstellung $\mathfrak{D}_\lambda \times \mathfrak{D}_\mu$ den irreduziblen Bestandteil $\mathfrak{D}_\nu$ etwa $c_{\lambda\mu}^\nu$ mal enthält, so kann man schreiben:

$$\mathfrak{D}_\lambda \times \mathfrak{D}_\mu = \sum_\nu c_{\lambda\mu}^\nu \, \mathfrak{D}_\nu.$$

Für die Charaktere χ_ν der Darstellungen $\mathfrak{D}_\nu$ folgt daraus:

$$(2) \qquad \chi_\lambda(s)\,\chi_\mu(s) = \sum_\nu c_{\lambda\mu}^\nu \, \chi_\nu(s).$$

3. Die Systemdiskriminante und die Komplementärbasen.

Eine hinreichende Bedingung für Halbeinfachheit eines hyperkomplexen Systems ist das Nichtverschwinden der aus irgend zwei Basen $(u_1, \ldots, u_n)$ und $(v_1, \ldots, v_n)$ des Systems gebildeten regulären Spurendeterminante oder *regulären Diskriminante*:

$$(3) \qquad D = |S(u_\mu v_\nu)|$$

oder, was auf dasselbe hinauskommt, die Existenz einer *komplementären Basis* $(w_1, \ldots, w_n)$ zu jeder Basis $(u_1, \ldots, u_n)$, mit der Eigenschaft

$$S(u_\mu w_\nu) = \delta_{\mu\nu} \quad (= 0 \text{ oder } 1).$$

Daß für Systeme mit Radikal stets $D = 0$ ist, wird klar, indem man u_1 im Radikal wählt, da dann alle $S(u_1 v_\nu) = 0$ werden.

Im Fall des Gruppenringes einer Gruppe mit nicht durch die Charakteristik teilbarer Ordnung h ist stets $D \neq 0$, denn die Elemente $\frac{1}{h}\, s^{-1}$ bilden eine komplementäre Basis zur Basis der Gruppenelemente s:

$$(4) \qquad S(st) = \begin{cases} h \cdot 1 & \text{für } t = s^{-1} \\ 0 & \text{für } t \neq s^{-1} \end{cases}$$

Daraus folgt von neuem die Halbeinfachheit des Gruppenringes.

Drückt man die Spur in (4) durch die Charaktere aus, so erhält man

$$\sum n_\nu \chi_\nu(st) = \begin{cases} h \cdot 1 & \text{für } t = s^{-1} \\ 0 & \text{für } t \neq s^{-1}. \end{cases}$$

oder, wenn man die Matrices $(\alpha_{jk}^{(\nu)})$ der absolut-irreduziblen Darstellungen einführt,

$$(5) \qquad \sum_\nu \sum_{j,k} n_\nu\, \alpha_{jk}^{(\nu)}(s)\, \alpha_{kj}^{(\nu)}(t) = \begin{cases} h \cdot 1 & (t = s^{-1}) \\ 0 & (t \neq s^{-1}). \end{cases}$$

Die zur Basis $(c_{jk}^{(\nu)})$ komplementäre Basis ist $(n_\nu^{-1} c_{kj}^{(\nu)})$, wie man leicht nachrechnet.

4. Die Relationen zwischen den Charakteren.

Aus Gleichung (3), § 13, folgt, indem man $h = j$, $k = l$ setzt und über j und l summiert:

$$(6) \qquad \sum_t \chi_\nu(st)\chi_\mu(t^{-1}) = \begin{cases} \omega\, \chi_\nu(s) & \text{für } \nu = \mu \\ 0 & \text{für } \nu \neq \mu. \end{cases}$$

Insbesondere erhält man für $s = 1$ die „*Orthogonalitätsrelationen der Charaktere*"

$$(7) \qquad \sum_t \chi_\nu(t)\,\chi_\mu(t^{-1}) = \begin{cases} h \cdot 1 & (\nu = \mu) \\ 0 & (\nu \neq \mu). \end{cases}$$

Die Orthogonalitätsrelationen können dazu benutzt werden, die Zerlegung einer gegebenen Darstellung $\mathfrak{D}$ in absolut-irreduzible durch bloße Spurenrechnung ausfindig zu machen. Ist nämlich

$$(8) \qquad \mathfrak{D} = \sum_\nu c_\nu \mathfrak{D}_\nu, \quad \text{also} \quad S_{\mathfrak{D}}(s) = \sum c_\nu \chi_\nu(s),$$

so folgt aus (7)

$$\sum_s \chi_\nu(s^{-1})\, S_{\mathfrak{D}}(s) = h\, c_\nu \cdot 1.$$

Daraus bestimmen sich (im Fall der Charakteristik Null) die Zahlen c_ν.

Weiter folgt aus (7) und (8)

$$\sum_s S_{\mathfrak{D}}(s)\, S_{\mathfrak{D}}(s^{-1}) = h \cdot \sum c_\nu^2 \cdot 1,$$

mithin: *Eine Darstellung $\mathfrak{D}$ in einem Körper von der Charakteristik Null ist dann und nur dann absolut-irreduzibel, wenn für ihre Spur gilt*

$$\sum_s S_{\mathfrak{D}}(s)\, S_{\mathfrak{D}}(s^{-1}) = h \cdot 1.$$

Die Spurenrelation (8) findet häufig Anwendung in der Invariantentheorie, wenn es sich darum handelt, die Anzahl der linear unabhängigen Vektoren zu bestimmen, die bei einer Darstellung $\mathfrak{D}$ einer Gruppe $\mathfrak{g}$ invariant bleiben. Diese Anzahl ist nämlich offenbar gleich dem Koeffizienten c_1 der Einsdarstellung $\mathfrak{D}_1$ in der Zerlegung (8).

Wir nehmen nun an, daß der Grundkörper ein Zahlkörper ist. Die Charaktere χ sind dann, als Summen von Einheitswurzeln, ganze algebraische Zahlen, und zwar ist $\chi(s^{-1})$ konjugiert-komplex zu $\chi(s)$. Aus (6) (mit $\mu = \nu$) folgt nun in bekannter Weise, daß ω, als Wurzel der Säkulargleichung

$$|\chi(st^{-1}) - \delta_{st}\omega| = 0,$$

ebenfalls eine ganze algebraische Zahl ist; daraus ergibt sich: *Der Grad einer absolut-irreduziblen Darstellung ist ein Teiler der Gruppenordnung.*

5. Das Zentrum des Gruppenrings.

Das Zentrum eines halbeinfachen hyperkomplexen Systems $\mathfrak{S}$ über einem algebraisch abgeschlossenen Körper besteht aus den Elementen z, die mit allen Elementen von $\mathfrak{S}$ vertauschbar sind, also in jeder absolut-irreduziblen Darstellung durch ein Vielfaches der Einheitsmatrix dargestellt werden. Die für jedes Element r von $\mathfrak{S}$ gültige Formel

$$r = \sum_\nu \sum_{j,\,k} \alpha_{jk}^{(\nu)}(r)\, c_{jk}^{(\nu)}$$

reduziert sich also für $r = z$ auf

$$(9) \qquad z = \sum_\nu \alpha_\nu(z) \sum_k c_{kk}^{(\nu)} = \sum_\nu \alpha_\nu(z)\, I_\nu.$$

Die $I_\nu = \sum_k c_{kk}{}^{(\nu)}$ sind idempotente Zentrumselemente, nämlich die Einselemente der vollen Matrixringe $\mathfrak{S}_\nu$, in die $\mathfrak{S}$ zerfällt. Die $\alpha_\nu(z)$ sind die irreduziblen Darstellungen (1. Grades) des Zentrums. Zwischen den Charakteren $\chi_\nu(r) = \sum_k \alpha_{kk}{}^{(\nu)}$ und den $\alpha_\nu(z)$ besteht offenbar die Beziehung

$$(10) \qquad \chi_\nu(z) = n_\nu \, \alpha_\nu(z) \, .$$

Im Fall des Gruppenringes gehört $z = \sum \lambda_s s$ dann und nur dann zum Zentrum, wenn $tzt^{-1} = z$ für jedes Gruppenelement t, und das kommt darauf hinaus, daß alle zu einem s konjugierten Elemente tst^{-1} denselben Koeffizienten λ_s haben. Setzt man also k_s gleich der Summe aller *verschiedenen* Elemente tst^{-1} der Klasse von s, so erzeugen die k_s das Zentrum, und die Relation (9) wird zu

$$(11) \qquad k_s = \sum \alpha_\nu(k_s) I_\nu = \sum \frac{\chi_\nu(k_s)}{n_\nu} I_\nu = \sum_\nu \frac{h_s}{n_\nu} \chi_\nu(s) I_\nu \, ,$$

wobei h_s die Anzahl der Elemente der Klasse von s ist.

Die Auflösung dieser Formel nach I_ν ergibt sich aus (4) § 13, indem man dort $l = k$ setzt und nach k summiert:

$$(12) \qquad I_\nu = \frac{n_\nu}{h} \sum_s \chi_\nu(s^{-1}) s = \frac{n_\nu}{h} {\sum_s}' \chi_\nu(s^{-1}) k_s \, .$$

In der letzten Summe $\sum'$ durchläuft s ein Repräsentantensystem aller Klassen der Gruppe. Der Vergleich von (11) mit (12) ergibt, daß die Matrices $(\chi_\nu(s))$ und $\left(\frac{h_s}{h} \chi_\nu(s^{-1})\right)$, wobei der Zeilen- bzw. Spaltenindex s ein Repräsentantensystem aller Klassen durchläuft, zueinander invers sind. Dasselbe besagen auch die Orthogonalitätsrelationen (11). Man kann es auch durch die Formel

$$(13) \qquad \sum_\nu \chi_\nu(s) \chi_\nu(t) = \begin{cases} 0 & \text{für } t \neq s^{-1} \\ h/h_s & \text{für } t = s^{-1} \end{cases}$$

ausdrücken.

Das Produkt zweier Zentrumserzeugenden $k_s k_t$ ist wieder ein Zentrumselement, also eine (ganzzahlige) Linearkombination der Erzeugenden k_r:

$$k_s k_t = \sum g_{st}{}^r k_r \, .$$

Die Tatsache, daß die Funktionen $\alpha_\nu(z)$ eine Darstellung des Zentrums bilden, drückt sich durch die Formel

$$\alpha_\nu(k_s) \, \alpha_\nu(k_t) = \sum g_{st}{}^r \alpha_\nu(k_r)$$

aus, die sich nach Multiplikation mit $n_\nu{}^2$ wegen (10) in

$$(14) \qquad h_s h_t \chi_\nu(s) \chi_\nu(t) = n_\nu \sum_r g_{st}{}^r h_r \chi_\nu(r)$$

verwandelt (Summation über ein Repräsentantensystem der Klassen).

Durch die Formel (14) hat G. Frobenius[32]) zuerst die Charaktere $\chi(s)$ definiert. Eine andere Begründung der Charakterentheorie, unabhängig von der Darstellungstheorie, die auch für gewisse unendliche Gruppen gültig ist, hat A. Haar[33]) gegeben.

Die meisten Formeln dieses Paragraphen sind nur unter der Voraussetzung hergeleitet, daß die Gruppenordnung h nicht durch die Charakteristik des Körpers teilbar, also daß der Gruppenring halbeinfach ist. Das gilt aber nicht für die Formeln (2), (6), (7), (8), (10), (14) welche allgemeine Gültigkeit haben.

§ 16. Das Zerfallen der irreduziblen Darstellungen bei Erweiterung des Grundkörpers.

Die Frage, wie eine irreduzible Halbgruppe von linearen Transformationen bei Erweiterung des Grundkörpers P zu einem kommutativen Körper K zerfällt, läßt sich sofort auf die Frage nach dem Verhalten eines einfachen hyperkomplexen Systems $\mathfrak{S}$ bei Erweiterung des Grundkörpers zurückführen. Ist nämlich $\mathfrak{S}$ die lineare Hülle der vorgelegten Halbgruppe $\mathfrak{G}$, so ist $\mathfrak{S}$ ein einfaches hyperkomplexes System über P, und die vorliegende Darstellung von $\mathfrak{S}$ durch lineare Transformationen wird durch ein Linksideal $\mathfrak{l}$ von $\mathfrak{S}$ vermittelt. Bei Erweiterung von P zu K geht $\mathfrak{S}$ über in ein hyperkomplexes System $\mathfrak{S}_K$ und $\mathfrak{l}$ in ein Linksideal $\mathfrak{l}_K$ von $\mathfrak{S}$; es handelt sich nun einfach darum, wie dieses Linksideal in $\mathfrak{S}_K$ in irreduzible Linksideale zerfällt. Da diese Frage in dem Heft über Algebren dieser „Ergebnisse" Band IV, Heft 1 mit aller Ausführlichkeit besprochen wird, so genügt es, hier die wichtigsten Ergebnisse ohne Beweise kurz zusammenzufassen[34]). $\mathfrak{S}$ sei ein voller Matrixring n-ten Grades über einer Divisionsalgebra $\varLambda$, Z sei das Zentrum von $\varLambda$, $\mathfrak{D}$ die vorgelegte Darstellung von $\mathfrak{S}$ als irreduzible Halbgruppe von linearen Substitutionen.

1. *Sind Z oder K oder beide separabel über P, so ist das System $\mathfrak{S}_K$ halbeinfach, also jede Darstellung von $\mathfrak{S}$ in K vollständig reduzibel. Insbesondere: Bei einer separablen Erweiterung des Grundkörpers bleibt jede irreduzible oder vollreduzible Darstellung vollreduzibel.*

Im folgenden setzen wir Z als separabel über P voraus.

2. *Das Ideal $\mathfrak{l}_K$ zerfällt in ebensoviel irreduzible Linksideale wie der Ring $\varLambda_K$, nur von n-mal größerem Rang. Der Ring $\varLambda_K$ zerfällt in ebenso-*

---

[32]) G. Frobenius: S.-B. preuß. Akad. Wiss. **1896** 985—1021.

[33]) A. Haar: Acta Litt. Sci. Szeged **5** (1932) 172—186.

[34]) Die Sätze dieses Paragraphen stammen, soweit sie sich direkt auf die Halbgruppe $\mathfrak{G}$ beziehen, von I. Schur: S.-B. preuß. Akad. Wiss. **1906** 64—184; Trans. Amer. Math. Soc. **10** (1909) 159—175; ihre hyperkomplexe Begründung und Verschärfung von E. Noether: Math. Z. **37** (1933) 514—541. Zur historischen Entwicklung: H. Taber: C. R. Acad. Sci., Paris **142** (1906) 948—951; L. E. Dickson: Trans. Amer. Soc. **4** (1903) 434—436.

viel einfache Systeme (zweiseitige Ideale des Ringes) wie sein Zentrum Z_K. Jedes dieser einfachen Systeme kann nur in *äquivalente* Linksideale weiter zerfallen; die Linksideale verschiedener Systeme sind aber inäquivalent. Für die Darstellung $\mathfrak{D}$ besagt das, daß sie zunächst in so viel inäquivalente Bestandteile zerfällt wie Z_K; diese Bestandteile können dann jeder für sich weiter in äquivalente irreduzible Darstellungen zerfallen.

3. Ist insbesondere K *galoissch, so sind die verschiedenen einfachen Teilsysteme von* Λ_K *und daher auch die inäquivalenten Bestandteile der Darstellung* $\mathfrak{D}$ *konjugiert in bezug auf* P, *d. h. sie gehen durch die Automorphismen von* K *auseinander hervor.*

Wenn man sich für die absolut-irreduziblen Darstellungen $\mathfrak{D}'$ interessiert, in die $\mathfrak{D}$ bei genügend weiter (z. B. algebraisch abgeschlossener) Erweiterung von P zerfällt, genügt es nach 3. eine dieser Darstellungen $\mathfrak{D}'$ zu betrachten: die übrigen sind ja dazu konjugiert und kommen gleich oft in $\mathfrak{D}$ vor.

Ein Körper K, in welchem sich eine absolut-irreduzible Darstellung $\mathfrak{D}'$ von $\mathfrak{D}$ abspaltet, heißt ein *Abspaltungskörper*. Ein Körper, in welchem $\mathfrak{D}$ ganz in absolut-irreduzible Darstellungen zerfällt, heißt ein *Zerfällungskörper*. Die Zahl m, die angibt, wie oft die absolut-irreduzible Darstellung $\mathfrak{D}'$ in $\mathfrak{D}$ vorkommt, heißt der Schursche *Index* von $\mathfrak{D}'$ oder $\mathfrak{D}$ in bezug auf den Körper P.

4. *Jeder Abspaltungskörper* K *umfaßt einen zu* Z *äquivalenten Körper* Z_1. *In* Z_1 *spaltet sich von der gegebenen Darstellung* $\mathfrak{D}$ *ein in* Z_1 *irreduzibler Bestandteil* $\mathfrak{D}_1$ *ab, der sich in* K *weiter in* m *äquivalente Bestandteile* $\mathfrak{D}'$ *spaltet.*

Der Körper Z_1 wird, falls der Index m nicht durch die Charakteristik des Körpers teilbar ist, von den Charakteren der absolut-irreduziblen Darstellung $\mathfrak{D}'$ erzeugt. Die Darstellung $\mathfrak{D}$ kann man auch erhalten, indem man Z mit Z_1 identifiziert und $\mathfrak{S}$ als hyperkomplexes System über Z, $\mathfrak{l}$ als Darstellungsmodul in bezug auf Z auffaßt. Die Auffassung von $Z = Z_1$ statt P als Grundkörper vereinfacht die Untersuchung insofern, als $\mathfrak{S}$ dadurch zu einem *normalen* einfachen System wird, d. h. zu einem solchen, dessen Zentrum der Grundkörper ist. In bezug auf diesen Grundkörper fallen die Begriffe Zerfällungs- und Abspaltungskörper zusammen.

5. *Die Divisionsalgebra* Λ *hat in bezug auf* $\bar{Z}$ *den Rang* m^2. *Der Grad eines jeden Abspaltungskörpers* K *über* Z *ist durch* m *teilbar. Die Abspaltungskörper kleinsten Grades haben den Grad* m *und sind zu den maximalen kommutativen Teilkörpern von* Λ *isomorph. Jeder Abspaltungskörper vom Grade* mq *ist isomorph einem maximalen kommutativen Teilkörper des vollen Matrixringes* q-ten *Grades über* Λ, *und jeder solche maximale kommutative Teilkörper von* Λ_q *ist Abspaltungskörper.*

Zum Schluß erwähnen wir einen Satz, der für vollständig reduzible Darstellungen leicht zu beweisen ist, der aber auch für beliebige Darstellungen gilt:

Wenn zwei Darstellungen einer Halbgruppe $\mathfrak{G}$ durch lineare Transformationen im Körper P *im Erweiterungskörper* K *äquivalent sind, so sind sie auch im Grundkörper* P *äquivalent.*

Beweis[35]). Zunächst habe der Grundkörper P unendlich viele oder wenigstens mehr Elemente, als der Grad der Darstellung beträgt. Die Äquivalenz zweier Darstellungen $a \to A_1$ und $a \to A_2$ ist gleichbedeutend mit der Lösbarkeit eines Systems von linearen Gleichungen $TA_1 = A_2T$ und einer Ungleichung $|T| \neq 0$ für die Elemente der Matrix T. Ist ein solches System im Körper K lösbar, so auch schon im Grundkörper P, vorausgesetzt, daß P mehr Elemente enthält als der Grad der Ungleichung beträgt.

Zweitens habe P endlich viele Elemente. Sind zwei Darstellungen in K äquivalent, so auch in einem endlichen Erweiterungskörper Σ von P mit hinreichend vielen Elementen. Sind $\mathfrak{M} = u_1 P + \cdots + u_m P$ und $\mathfrak{N} = v_1 P + \cdots + v_m P$ die Darstellungsmoduln der Halbgruppe $\mathfrak{G}$, so sind ihre Erweiterungsmoduln $\mathfrak{M}_\Sigma = u_1 \Sigma + \cdots + u_m \Sigma$ und $\mathfrak{N}_\Sigma = v_1 \Sigma + \cdots + v_m \Sigma$ als $(\mathfrak{G}, \Sigma)$-Moduln und daher um so mehr als $(\mathfrak{G}, P)$-Moduln operatorisomorph. Ist nun $(\sigma_1, \ldots, \sigma_g)$ eine P-Basis von Σ, so kann $\mathfrak{M}_\Sigma$ auch in der Form

$$(1) \qquad \mathfrak{M}_\Sigma = \mathfrak{M}\sigma_1 + \cdots + \mathfrak{M}\sigma_g$$

geschrieben werden. Der einzelne Summand $\mathfrak{M}\sigma_i$ ist vermöge der Zuordnung $u \to u\sigma_i$ mit $\mathfrak{M}$ operatorisomorph. Denkt man sich $\mathfrak{M}$ und $\mathfrak{M}_\Sigma$ nach dem REMAK-SCHMIDTschen Satz (§ 11, 4) als direkte Summen von direkt unzerlegbaren Summanden geschrieben, so enthält $\mathfrak{M}_\Sigma$ auf Grund von (1) jeden Summanden genau g-mal so oft wie $\mathfrak{M}$. Wenn nun $\mathfrak{M}_\Sigma$ und $\mathfrak{N}_\Sigma$ jeden direkt unzerlegbaren Summanden gleich oft enthalten, so gilt das auch von $\mathfrak{M}$ und $\mathfrak{N}$.

§ 17. Faktorensysteme.

Es sei $\mathfrak{D}$ eine absolut-irreduzible Darstellung eines normalen einfachen hyperkomplexen Systems $\mathfrak{S}$ in einem endlichen separablen Erweiterungskörper K $= $ P (ϑ) des Grundkörpers P. Durch die Körperisomorphismen $\varGamma_\alpha$, welche $\vartheta = \vartheta_1$ in seine konjugierten Größen ϑ_α überführen, möge $\mathfrak{D}$ in $\mathfrak{D}_\alpha$ übergehen. Da die Darstellungen $\mathfrak{D}_\alpha$ alle äquivalent sind, so gibt es nichtsinguläre Matrices $P_{\alpha\beta}$ im Körper P $(\vartheta_\alpha, \vartheta_\beta)$, welche $\mathfrak{D}_\beta$ in $\mathfrak{D}_\alpha$ transformieren:

$$(1) \qquad D_\alpha = P_{\alpha\beta} D_\beta P_{\alpha\beta}^{-1}.$$

---

[35]) Der Beweis rührt von E. NOETHER her und ist teilweise bei M. DEURING: Math. Ann. **107** (1932) 144 dargestellt.

Man kann die $P_{\alpha\beta}$ offenbar so wählen, daß jeder Isomorphismus von
$\mathsf{P}(\vartheta_\alpha, \vartheta_\beta)$, welcher $\vartheta_\alpha, \vartheta_\beta$ in ein konjugiertes Paar $\vartheta_\gamma, \vartheta_\delta$ überführt, auch
$P_{\alpha\beta}$ in $P_{\gamma\delta}$ überführt: Man braucht zu dem Zweck nur aus jeder Klasse
von konjugierten Paaren ein Paar $(\vartheta_\alpha, \vartheta_\beta)$ willkürlich auszuwählen, dazu
ein $P_{\alpha\beta}$ zu bestimmen und die übrigen $P_{\gamma\delta}$ durch die betreffenden Isomorphismen aus $P_{\alpha\beta}$ abzuleiten. Dabei kann man $P_{11} = I$ wählen.

Die Matrix $P_{\alpha\beta} P_{\beta\gamma}$ transformiert $\mathfrak{D}_\gamma$ in $\mathfrak{D}_\alpha$; daher ist

$$P_{\alpha\beta}P_{\beta\gamma} = c_{\alpha\beta\gamma}P_{\alpha\gamma},$$

wo $c_{\alpha\beta\gamma}$ eine von Null verschiedene Zahl aus $\mathsf{P}(\vartheta_\alpha, \vartheta_\beta, \vartheta_\gamma)$ ist. Diese
Zahlen $c_{\alpha\beta\gamma}$ bilden das *Faktorensystem* der Darstellung $\mathfrak{D}$ von $\mathfrak{S}$ im
Körper K über P. Für ein solches Faktorensystem sind die folgenden
Bedingungen charakteristisch[36]):

1. $c_{111} = 1$,

2. $c_{\alpha\beta\gamma}c_{\alpha\gamma\delta} = c_{\alpha\beta\delta}c_{\beta\gamma\delta}$,

3. $S c_{\alpha\beta\gamma} = c_{\alpha'\beta'\gamma'}$, wenn S ein Isomorphismus ist, der $\vartheta_\alpha, \vartheta_\beta, \vartheta_\gamma$ in
$\vartheta_{\alpha'}, \vartheta_{\beta'}, \vartheta_{\gamma'}$ überführt.

Ersetzt man $P_{\alpha\beta}$ durch $k_{\alpha\beta}P_{\alpha\beta}$, wobei die Zahlen $k_{\alpha\beta}$ dieselben Konjugiertheitsbedingungen erfüllen müssen wie die $P_{\alpha\beta}$, so gehen die c in
ein „assoziiertes Faktorensystem"

$$c'_{\alpha\beta\gamma} = \frac{k_{\alpha\beta}k_{\beta\gamma}}{k_{\alpha\gamma}} c_{\alpha\beta\gamma}$$

über. Sieht man assoziierte Faktorensysteme als nicht verschieden an,
so ist das Faktorensystem $c_{\alpha\beta\gamma}$ durch das hyperkomplexe System $\mathfrak{S}$
und den Körper $\mathsf{K}(\vartheta)$ eindeutig bestimmt. Zu gegebenen $c_{\alpha\beta\gamma}$, welche
die Bedingungen 1., 2., 3. erfüllen, erhält man ein hyperkomplexes
System $\mathfrak{S}$ mit eben diesem Faktorensystem, indem man alle Matrices
der Gestalt

$$(c_{\varkappa\lambda 1}^{-1} l_{\varkappa\lambda}) \qquad (\varkappa \text{ Zeilen-, } \lambda \text{ Spaltenindex})$$

bildet, wo die $l_{\varkappa\lambda}$ alle Zahlen aus $\mathsf{P}(\vartheta_\alpha, \vartheta_\beta)$ durchlaufen, welche dieselben
Konjugiertheitsbedingungen erfüllen wie oben die $k_{\varkappa\lambda}$. Die Gesamtheit
dieser Matrices ist absolut-irreduzibel und linear-abgeschlossen; also
stellt sie ein einfaches hyperkomplexes System $\mathfrak{S}$ treu dar. Diese Darstellung ist äquivalent einer in $\mathsf{P}(\vartheta)$ rationalen Darstellung mit dem
Faktorensystem $c_{\alpha\beta\gamma}$[37]).

Der fundamentale Satz aus der Theorie der Faktorensysteme lautet:
Dann und nur dann ist $\mathfrak{S}$ *ein voller Matrixring über dem Grundkörper* P,
wenn das Faktorensystem zum Einheitssystem $c_{\alpha\beta\gamma} = 1$ *assoziiert ist*[38]).

---

[36]) Siehe R. Brauer: Math. Z. **28** (1928) 677—698.

[37]) R. Brauer: Math. Z. **30** (1929) 90.

[38]) A. Speiser: Math. Z. **5** (1919) 1—6; vgl. auch I. Schur: Math. Z. **5**
(1919) 7—10 und R. Brauer: S.-B. preuß. Akad. Wiss. **1926** 410—416.

Zieht man noch die leicht zu beweisenden Tatsachen heran, daß zum Produkt $\mathfrak{S} \times \mathfrak{T}$ von zwei normalen einfachen hyperkomplexen Systemen auch das Produkt der Faktorensysteme $c_{\alpha\beta\gamma} \cdot d_{\alpha\beta\gamma}$ und zum invers-isomorphen System S' das inverse Faktorensystem $c_{\alpha\beta\gamma}^{-1}$ gehört, so folgt, daß $\mathfrak{S} \times \mathfrak{S}'$ das Faktorensystem Eins hat, also ein voller Matrixring über P ist [39]). Teilt man nun die Algebren $\mathfrak{S}$ in Klassen ein, indem man alle vollen Matrixringe über der gleichen Divisionsalgebra $\varLambda$ zu einer Klasse rechnet, so bilden diese Klassen bei der Multiplikation $\mathfrak{S} \times \mathfrak{T}$ eine Gruppe: die BRAUERsche *Algebrenklassengruppe*, in der die Klasse von P die Rolle des Einselementes und die Klasse von $\mathfrak{S}'$ die Rolle des inversen Elementes zur Klasse von $\mathfrak{S}$ spielt. Die Algebrenklassen mit festem Zerfällungskörper K bilden eine Untergruppe der Algebrengruppe, welche zur Gruppe ihrer Faktorensysteme homomorph, und zwar auf Grund des obigen Hauptsatzes 1-isomorph ist. Daraus folgt, daß *jede Algebrenklasse mit gegebenem Zentrum* P *und Zerfällungskörper* K *durch ihr Faktorensystem* $c_{\alpha\beta\gamma}$ *eindeutig bestimmt wird*; insbesondere wird also eine Divisionsalgebra $\varLambda$ bei gegebenem P und K durch ihr Faktorensystem eindeutig bestimmt.

Ein Erweiterungskörper K′ von K ist natürlich mit K auch Zerfällungskörper von $\mathfrak{S}$; das zugehörige Faktorensystem bestimmt sich in naheliegender Weise aus dem von K: es ist $c'_{\alpha'\beta'\gamma'} = c_{\alpha\beta\gamma}$, wenn die Isomorphismen $\varGamma_{\alpha'},\, \varGamma_{\beta'},\, \varGamma_{\gamma'}$ von K′, auf K angewandt, die Isomorphismen $\varGamma_{\alpha},\, \varGamma_{\beta},\, \varGamma_{\gamma}$ ergeben.

Wählt man insbesondere für K′ einen galoisschen Körper $\varOmega$ über P und benutzt statt der Nummern $\alpha',\, \beta',\, \gamma'$ die Elemente der galoisschen Gruppe $S,\, T,\, U, \ldots$ als Indices, so kann man ein zu gegebenem Faktorensystem gehöriges hyperkomplexes System $\mathfrak{S}$ auch in folgender Weise konstruieren: $\mathfrak{S}$ umfaßt $\varOmega$, und zu jedem Automorphismus S von K gehört ein Basiselement u_S von $\mathfrak{S}$ in bezug auf $\varOmega$, so daß

$$\mathfrak{S} = \sum_S \varOmega\, u_S = \sum_S u_S\, \varOmega$$

ist. Für jedes ω aus $\varOmega$ ist

$$\omega u_S = u_S(S\omega)$$

$$u_S u_T = u_{ST}\, c_{ST,S,1}^{-1}\,.$$

$\mathfrak{S}$ heißt das zum Faktorensystem c_{STU} gehörige *verschränkte Produkt des Körpers* $\varOmega$ *mit seiner* GALOISschen *Gruppe*.

Für die weitere Theorie der Faktorensysteme und der verschränkten Produkte verweisen wir auf die einschlägige Literatur, insbesondere auf das Heft über Algebren von M. DEURING in dieser Sammlung (Band IV, Heft 1).

---

[39]) Einen direkten Beweis für diesen Satz gab E. NOETHER: Math. Z. **37** (1933) 532.

§ 18. Ganzzahligkeitseigenschaften. Modulare Darstellungen.

W. Burnside[40]) hat bewiesen:

Eine Halbgruppe linearer Substitutionen, deren Matrixelemente rationale Zahlen mit beschränkten Nennern sind, ist äquivalent einer ganzzahligen Halbgruppe.

Bei dem Beweis, der bei Speiser[41]) dargestellt ist, ergibt sich die folgende Verallgemeinerung dieses Satzes:

Sind die Matrixelemente der Halbgruppe $\mathfrak{g}$ Zahlen eines endlichen algebraischen Zahlkörpers mit beschränkten Nennern, so ist in einem passenden Erweiterungskörper die Halbgruppe $\mathfrak{g}$ äquivalent einer Halbgruppe mit ganzen algebraischen Matrixelementen.

Insbesondere gelten die erwähnten Sätze für eine Darstellung einer endlichen Gruppe (allgemeiner auch für eine Darstellung einer „Ordnung" eines hyperkomplexen Systems) in einem algebraischen Zahlkörper.

Zwei ganzzahlige Darstellungen $A(s)$, $B(s)$ einer Halbgruppe heißen *ganzzahlig-äquivalent*, wenn sie sich durch Transformation mit einer unimodularen ganzzahligen Matrix ineinander überführen lassen oder, was dasselbe ist, wenn ihre ganzzahligen Darstellungsmoduln operatorisomorph sind. Für ganzzahlige Äquivalenz ist die rationale Äquivalenz notwendig, aber nicht hinreichend. Nach C. Jordan zerfallen aber die ganzzahligen Darstellungen einer Halbgruppe, die zu einer gegebenen rational-irreduziblen Darstellung rational-äquivalent sind, nur in *endlich viele* Klassen von untereinander ganzzahlig-äquivalenten Darstellungen[42]).

Erweitert man die gegebene Darstellung zu einem halbeinfachen hyperkomplexen System $\mathfrak{S}$, so kann man als Darstellungsmodul für diese und alle zu ihr äquivalenten Darstellungen ein minimales Linksideal $\mathfrak{l}$ von $\mathfrak{S}$ wählen. Die ganzzahligen Linearkombinationen der Matrices der gegebenen Darstellung bilden eine „Ordnung" $\mathfrak{o}$ in $\mathfrak{S}$, und die ganzzahligen Darstellungen werden durch in $\mathfrak{l}$ enthaltene $\mathfrak{o}$-Moduln vermittelt. Indem man diese $\mathfrak{o}$-Moduln mit passenden natürlichen Zahlen multipliziert, kann man sie in Ideale des Ringes $\mathfrak{o}$ verwandeln. Der Satz von Jordan ist dann gleichbedeutend mit dem anderen, daß es nur endlich viele Klassen von untereinander isomorphen Idealen in $\mathfrak{o}$ gibt, welche in dem gegebenen Ideal $\mathfrak{l}$ von $\mathfrak{S}$ enthalten sind. Diese Endlichkeit der Idealklassenzahl kann auch mit den klassischen idealtheoretischen Methoden bewiesen werden[43]).

---

[40]) W. Burnside: Proc. London Math. Soc. (2) **7** (1909) 8—13.

[41]) A. Speiser: Theorie der Gruppen von endlicher Ordnung, 2. Aufl. Berlin 1927, § 65.

[42]) C. Jordan: J. École polytechn. **48** (1880) 111—150. — Andere Beweise bei L. Bieberbach: Nachr. Akad. Wiss. Göttingen **1912** 207—216. — L. Bieberbach u. I. Schur: S.-B. preuß. Akad. **1928** 523—527.

[43]) C. G. Latimer: Bull. Amer. Math. Soc. **40** (1934) 433—435.

Unter *modularen Darstellungen* einer Gruppe versteht man die Darstellungen in einem Körper der Charakteristik p oder insbesondere in einem Galois-Feld $GF(p^f)$. Wir untersuchen jetzt die Beziehungen zwischen den modularen und den nichtmodularen Darstellungen.

Es sei $\mathfrak{D}_1, \ldots, \mathfrak{D}_r$ ein vollständiges System von inäquivalenten absolut-irreduziblen Darstellungen einer endlichen Gruppe $\mathfrak{g}$, welche in einem passenden algebraischen Zahlkörper K ganz-algebraisch angenommen werden dürfen. Reduziert man nun diese Darstellungen modulo einem Primideal $\mathfrak{p}$ von K, so erhält man ebensoviel modulare Darstellungen von $\mathfrak{g}$ in $GF(p^f)$. *Wenn nun die Charakteristik p des GF nicht in die Gruppenordnung h aufgeht, so bleiben die Darstellungen $\mathfrak{D}_r$ auch modulo $\mathfrak{p}$ irreduzibel und inäquivalent, und sie erschöpfen alle absolut-irreduziblen Darstellungen von $\mathfrak{g}$ in Körpern der Charakteristik p.*

Beweis. In dem Ausdruck für die Matrixeinheiten $c_{ik}^{(\nu)}$ des Gruppenringes als Linearkombinationen der Gruppenelemente s kommen nach § 13, Formel (4) als Koeffizienten nur ganze algebraische Zahlen vor, dividiert durch die Gruppenordnung h. Also bleiben die Formeln sinnvoll mod $\mathfrak{p}$. Die Rechnungsregeln $c_{ik}^{(\nu)} c_{kl}^{(\nu)} = c_{il}^{(\nu)}$ usw. sowie die Formeln $s = \sum \alpha_{ik}^{(\nu)}(s) \cdot c_{ik}^{(\nu)}$ bleiben ebenfalls richtig. Diese Formeln definieren aber auch in bezug auf $GF(p^f)$ als Grundkörper die Zerlegung des Gruppenringes in volle Matrixringe; daher werden auch in GF die verschiedenen absolut-irreduziblen Darstellungen von g durch die Matrices $\alpha_{ik}^{(\nu)}(s)$ mod $\mathfrak{p}$ gegeben.

Die Darstellungen endlicher Gruppen $\mathfrak{g}$ in solchen Körpern, deren Charakteristik p in die Gruppenordnung h aufgeht, sind von DICKSON[44] untersucht worden. Im Extremfall $h = p^s$ ist die Einsdarstellung die einzige irreduzible Darstellung; jede Darstellung läßt sich daher auf die Form

$$\begin{pmatrix} 1 & 0 & \ldots & 0 \\ \alpha_{21} & 1 & \ldots & 0 \\ \cdot & \cdot & & \cdot \\ \cdot & & \cdot & \cdot \\ \cdot & & & \cdot \\ \alpha_{n1} & \cdot & \ldots & 1 \end{pmatrix}$$

bringen[45]). Daraus folgert DICKSON: *Enthält $\mathfrak{g}$ eine Sylowgruppe $\mathfrak{h}$ der Ordnung p^s, so ist jede irreduzible Darstellung von $\mathfrak{g}$ in einem Körper von der Charakteristik p enthalten in derjenigen Darstellung, die von der Einsdarstellung der Sylowgruppe $\mathfrak{h}$ induziert wird* (vgl. § 19). *Die reguläre Darstellung enthält diese induzierte Darstellung genau p^s-mal als Diagonalbestandteil, ist aber nicht vollständig reduzibel.*

Für einige Beispiele endlicher Gruppen hat L. E. DICKSON[46] mit Hilfe der Formeln (6), § 15, die Charaktere der modularen Darstellungen

<hr>

[44]) L. E. DICKSON: Trans. Amer. Math. Soc. **8** (1907) 389—398.

[45]) Einen anderen Beweis dafür gab E. SPEISER: Theorie der Gruppen endlicher Ordnung, 2. Aufl., § 69.

[46]) L. E. DICKSON: Bull. Amer. Math. Soc. (2) **13** (1907) 477—488.

berechnet. Das Beispiel $\mathfrak{A}_5 \cong SL(4, 2)$ zeigt, daß es modulare Darstellungen gibt, welche nicht aus ganz-algebraischen Darstellungen durch Restklassenbildung modulo p entstehen können, denn die $\mathfrak{A}_5$ hat keine ganze Darstellung vom Grade 2.

Herr R. BRAUER teilt mir mit, daß die Anzahl der inäquivalenten absolut-irreduziblen modularen Darstellungen bei Charakteristik p gleich der Anzahl derjenigen Klassen konjugierter Elemente ist, in denen die Ordnung der Elemente zu p teilerfremd ist. Er wird dieses Ergebnis, wie ich hoffe, demnächst publizieren.

Schließlich sei hier noch ein Satz von MINKOWSKI[47]) erwähnt: *Reduziert man eine treue ganze rationale Darstellung einer endlichen Gruppe modulo einer ungeraden Primzahl, so entsteht eine treue modulare Darstellung.* Ist die Ordnung der Gruppe ungerade, so gilt dasselbe auch modulo 2.

§ 19. Beziehungen zwischen den Darstellungen einer Gruppe und denen ihrer Untergruppen. Imprimitive Darstellungen.

Es sei $\mathfrak{g}$ eine endliche Gruppe und $\mathfrak{h}$ eine Untergruppe von $\mathfrak{g}$. Dann ergibt jede Darstellung von $\mathfrak{g}$ auch eine Darstellung von $\mathfrak{h}$; insbesondere ergibt eine absolut-irreduzible Darstellung $\mathfrak{D}_\mu$ von $\mathfrak{g}$ eine Darstellung von $\mathfrak{h}$, die mit $\mathfrak{D}_\mu(\mathfrak{h})$ bezeichnet wird und folgendermaßen in irreduzible Darstellungen von $\mathfrak{h}$ (in einem algebraisch-abgeschlossenen Grundkörper P) zerfallen möge:

$$\mathfrak{D}_\mu(\mathfrak{h}) = \sum c_{\mu\nu} \mathfrak{d}_\nu.$$

Jede irreduzible Darstellung $\mathfrak{d}_\nu$ von $\mathfrak{h}$ wird vermittelt durch ein Linksideal $\mathfrak{l}_\nu$ des Gruppenringes $\mathfrak{R}_\mathfrak{h}$ von $\mathfrak{h}$. Dieser kann aber als Unterring des Gruppenringes $\mathfrak{R}_\mathfrak{g}$ aufgefaßt werden; $\mathfrak{l}_\nu$ erzeugt daher ein Linksideal $\mathfrak{L}_\nu = \mathfrak{R}_\mathfrak{g} \mathfrak{l}_\nu$ in $\mathfrak{R}_\mathfrak{g}$, welches eine Darstellung $\mathfrak{D}(\mathfrak{d}_\nu)$ von $\mathfrak{g}$ vermittelt. Diese Darstellung $\mathfrak{D}(\mathfrak{d}_\nu)$ heißt *die von der Darstellung $\mathfrak{d}_\nu$ von $\mathfrak{h}$ induzierte (imprimitive) Darstellung von $\mathfrak{g}$.* Daß es sich in der Tat um ein imprimitives System von linearen Transformationen im Sinne von § 8 handelt, sieht man sofort ein, indem man $\mathfrak{g}$ in Nebenklassen $s_\mu \mathfrak{h}$ und damit auch den Raum $\mathfrak{L}_\nu$ in Teilräume $s_\mu \mathfrak{l}_\nu$ zerlegt, welche Teilräume durch die Elemente s von $\mathfrak{g}$ nur untereinander permutiert werden.

Auch sieht man leicht ein, daß *jede imprimitive Darstellung einer Gruppe $\mathfrak{g}$ sich aus solchen von Untergruppen $\mathfrak{h}$ induzierten Darstellungen zusammensetzt.* Ist nämlich $\mathfrak{M} = \mathfrak{m}_1 + \mathfrak{m}_2 + \cdots + \mathfrak{m}_s$ eine gegenüber $\mathfrak{g}$ invariante Zerlegung eines imprimitiven Darstellungsraumes, so verstehen wir unter $\mathfrak{h}$ die Untergruppe von $\mathfrak{g}$, welche $\mathfrak{m}_1$ invariant läßt. Nehmen wir an, daß $\mathfrak{m}_1$ gegenüber $\mathfrak{h}$ irreduzibel ist und durch die Neben-

---

[47]) H. MINKOWSKI: J. reine angew. Math. **100** (1887) 449—458; **101** (1887) 196—202 — Ges. Abh. I 203—211 und 212—218.

klassen $s_\mu \mathfrak{h}$ in $\mathfrak{m}_\mu$ ($\mu = 1, \ldots, r$) transformiert wird, und wählen wir aus $\mathfrak{m}_1$ beliebig ein $u \neq 0$ aus, so ist $\Re_{\mathfrak{h}} u = \mathfrak{m}_1$ und $\Re_{\mathfrak{g}} u = \mathfrak{m}_1 + \cdots + \mathfrak{m}_r = \mathfrak{M}_1$. Zerlegt man nun $\Re_{\mathfrak{h}}$ in Linksideale: $\Re_{\mathfrak{h}} = \sum \mathfrak{l}_\nu$, so ist mindestens ein $\mathfrak{l}_\nu u \neq 0$ und daher $\mathfrak{l}_\nu u = \mathfrak{m}_1$ und $\Re_{\mathfrak{g}} \mathfrak{l} u = \Re_{\mathfrak{g}} \mathfrak{m} = \mathfrak{M}_1$. Die Zuordnung $x \to x u_1$ (für x in $\Re_{\mathfrak{g}}$) vermittelt dann einen Operatorisomorphismus von $\mathfrak{L}_\nu$ zu $\mathfrak{M}_1$. Ist aber $\mathfrak{m}_1$ gegenüber $\mathfrak{h}$ reduzibel, so kann man $\mathfrak{m}_1$ und damit auch $\mathfrak{M}_1$ in irreduzible Bestandteile von der geschilderten Art zerlegen.

Besondere imprimitive Darstellungen sind die *monomialen* Darstellungen, deren Matrices in jeder Reihe und in jeder Spalte je nur ein von Null verschiedenes Element haben. Die monomialen Darstellungen werden nach dem Obigen durch Darstellungen ersten Grades von Untergruppen $\mathfrak{h}$ induziert. (Insbesondere werden die Darstellungen von $\mathfrak{g}$ als transitive Permutationsgruppe von der Einsdarstellung der jeweiligen Untergruppe $\mathfrak{h}$ induziert.) Nun ist eine Darstellung ersten Grades einer Gruppe $\mathfrak{h}$ stets eine treue Darstellung einer zyklischen Faktorgruppe $\mathfrak{h}/\mathfrak{n}$. Hat diese Faktorgruppe die Ordnung f und ist $Z\mathfrak{n}$ eine erzeugende Restklasse von $\mathfrak{h}/\mathfrak{n}$, welche durch eine f-te Einheitswurzel ζ dargestellt wird, ist schließlich $\Sigma_\mathfrak{n}$ die Summe der Elemente von $\mathfrak{n}$ im Gruppenring von $\mathfrak{g}$, so wird das Linksideal $\mathfrak{l}_\nu$, das die Darstellung ersten Grades von $\mathfrak{h}$ vermittelt, durch

$$\vartheta = \Sigma_n + \zeta^{-1} Z \Sigma_n + \zeta^{-2} Z^2 \Sigma_n + \cdots + \zeta^{-(f-1)} Z^{f-1} \Sigma_n$$

erzeugt. Man sieht ja ohne weiteres, daß $Z\vartheta = \vartheta\zeta$ und $H\vartheta = \vartheta$ für jedes H in $\mathfrak{n}$ ist. Das von $\mathfrak{l}_\nu$ erzeugte Linksideal $\mathfrak{L}_\nu$ hat die Basis

$$s_1 \vartheta, \; s_2 \vartheta, \; \ldots, \; s_j \vartheta,$$

wo $s_1, \ldots, s_j$ Repräsentanten der Restklassen von $\mathfrak{h}$ in $\mathfrak{g}$ sind. Mit dieser Basis kann die monomiale Darstellung ohne weiteres angeschrieben werden[48].

K. SHODA[49] hat untersucht, unter welcher Bedingung eine monomiale Darstellung irreduzibel ist und unter welchen Bedingungen zwei monomiale Darstellungen äquivalent sind. Eine durch $\mathfrak{h}$, $\mathfrak{n}$, Z, ζ definierte monomiale Darstellung ist (in einem passenden Erweiterungskörper) dann und nur dann reduzibel, wenn es ein in $\mathfrak{h}$ nicht enthaltenes Element G gibt mit folgenden Eigenschaften:

$$\mathfrak{h} \cap G\mathfrak{n}G^{-1} = \mathfrak{n} \cap G\mathfrak{n}G^{-1}$$
$$\beta \equiv \gamma \pmod{f},$$

wobei β den Exponenten der frühesten Potenz von GZG^{-1} bedeutet, die in $[\mathfrak{h} \cap G\mathfrak{h}G^{-1}] \cdot G\mathfrak{n}G^{-1}$, und zwar in $Z^\gamma \mathfrak{n} G\mathfrak{n}G^{-1}$ liegt. Zwei durch

---

[48] Vgl. dazu etwa A. SPEISER: Theorie der Gruppen von endl. Ordnung, 2. Aufl., § 46. Dort findet man auch eine Reihe von Anwendungen der monomialen Darstellungen auf endliche Gruppen.

[49] K. SHODA: Proc. Phys.-Math. Soc. Jap. (3) **15** (1933) 249–257.

$\mathfrak{h}_1, \mathfrak{n}_1, Z_1, \zeta_1$ und $\mathfrak{h}_2, \mathfrak{n}_2, Z_2, \zeta_2$ definierte irreduzible monomiale Darstellungen sind dann und nur dann äquivalent, wenn es in $\mathfrak{g}$ ein Element G gibt mit den Eigenschaften:

$$\mathfrak{h}_1 \cap G\mathfrak{n}_1 G^{-1} = \mathfrak{n}_2 \cap G\mathfrak{n}_1 G^{-1}$$

$$\zeta_1{}^\beta = \zeta_2{}^\gamma,$$

wobei β den Exponenten der frühesten Potenz von $GZ_1 G^{-1}$ bedeutet, die in $[\mathfrak{h}_2 \cap G\mathfrak{h}_1 G^{-1}] \cdot G\mathfrak{n}_1 G^{-1}$, und zwar in $Z_2{}^\gamma \mathfrak{n}_2 G\mathfrak{n}_1 G^{-1}$ liegt.

Die monomialen Darstellungen können häufig zum Beweise von Sätzen über endliche Gruppen benutzt werden[49a]).

Die Zerlegung einer imprimitiven Darstellung $\mathfrak{D}(\mathfrak{d}_\nu)$ in absolut-irreduzible Bestandteile wird durch folgenden Satz von FROBENIUS[50]) beherrscht: *Die Zahl $c_{\mu\nu}$, die angibt, wie oft eine irreduzible Darstellung $\mathfrak{d}_\nu$ von $\mathfrak{h}$ in der Darstellung $\mathfrak{D}_\mu$ von $\mathfrak{g}$ enthalten ist, gibt gleichzeitig auch an, wie oft die irreduzible Darstellung $\mathfrak{D}_\mu$ von $\mathfrak{g}$ in der imprimitiven Darstellung $\mathfrak{D}(\mathfrak{d}_\nu)$ enthalten ist.*

J. LEVITZKI[51]) hat diesen Satz auf die halbeinfachen Unterringe von halbeinfachen hyperkomplexen Systemen ausgedehnt und noch einige andere Anzahlrelationen für diesen Fall aufgestellt.

E. ARTIN[52]) hat bewiesen, daß jede rationale Darstellungsspur einer endlichen Gruppe eine rationalzahlige Linearkombination von Spuren solcher Darstellungen ist, die von den Einsdarstellungen der zyklischen Untergruppen induziert werden.

A. KULAKOFF[53]) bewies: Ist $\mathfrak{h}$ Normalteiler von $\mathfrak{g}$, so kommt die Einsdarstellung von $\mathfrak{h}$ in der Zerlegung von $\mathfrak{D}_\mu(\mathfrak{h})$ entweder überhaupt nicht vor, oder $\mathfrak{D}_\mu(\mathfrak{h})$ ist ein Vielfaches der Einsdarstellung.

I. SCHUR[54]) und R. BRAUER[55]) haben die Beziehungen zwischen den SCHURschen Indices der Darstellungen einer Halbgruppe $\mathfrak{g}$ und der Darstellungen ihrer Unterhalbgruppen $\mathfrak{h}$ untersucht. Das Hauptergebnis lautet: *Ist $\mathfrak{D}$ eine absolut-irreduzible Darstellung einer Halbgruppe $\mathfrak{g}$ in einem Körper endlichen Grades über P und enthält die Darstellung $\mathfrak{D}$, auf eine Unterhalbgruppe $\mathfrak{h}$ angewandt, eine absolut-irreduzible Darstellung $\mathfrak{d}$ und ihre konjugierten Darstellungen insgesamt r-mal, so ist der Index m von $\mathfrak{D}$ ein Teiler von $m'r$, wo m' der Index von d ist. Ist insbesondere $\mathfrak{d}$ rational in P, so ist $m|r$.*

[49a]) W. BURNSIDE: Theory of Groups of finite order, 2nd ed., Cambridge **1911** 327. — W. K. TURKIN: Math. Z. **38** (1934) 301—305.

[50]) G. FROBENIUS: S.-B. preuß. Akad. Wiss. **1898** 501—515.

[51]) J. LEVITZKI: Math. Z. **33** (1931) 663—665.

[52]) E. ARTIN: J. reine angew. Math. **164** (1931) 1—11.

[53]) A. KULAKOFF: Rec. math. Soc. math. Moscou **36** (1928) 129—134.

[54]) I. SCHUR: S.-B. preuß. Akad. Wiss. **1906** 164—184.

[55]) R. BRAUER: Math. Z. **31** (1929) 733—747 § 3.

Für endliche Gruppen folgt dieser Satz sofort aus dem obigen Satz von FROBENIUS und den definierenden Eigenschaften des SCHURschen Index m. Nützliche Spezialfälle erhält man, wenn man für $\mathfrak{d}$ die Einsdarstellung von $\mathfrak{h}$ setzt[56]) oder indem man für $\mathfrak{h}$ eine zyklische Gruppe wählt. Man erhält im letzteren Fall den Satz: *Der SCHURsche Index einer Darstellung $\mathfrak{D}$ von $\mathfrak{g}$ in bezug auf einen Körper* P, *der die l-ten Einheitswurzeln enthält, ist ein Teiler aller Zahlen c_ν, die angeben, wie oft die verschiedenen l-ten Einheitswurzeln ζ_ν als charakteristische Wurzeln in der darstellenden Matrix eines Gruppenelementes s von der Ordnung l vorkommen.* Ist insbesondere der größte gemeinsame Teiler aller dieser Zahlen $c_{\mu\nu}$ für verschiedene Gruppenelemente gleich Eins, so ist für einen passenden Kreiskörper als Grundkörper $m_\mu = 1$, d. h. die Darstellung $\mathfrak{D}_\mu$ ist in diesem Kreiskörper realisierbar[57]). Es genügt natürlich, den Körper der h-ten Einheitswurzeln zugrunde zu legen, wo h die Gruppenordnung ist.

Man vermutet, daß alle absolut-irreduziblen Darstellungen einer Gruppe der Ordnung h im Körper der h-ten Einheitswurzeln realisierbar sind[57]). Die Vermutung wurde von I. SCHUR mit den Methoden dieses Paragraphen für auflösbare Gruppen bewiesen[58]). H. HASSE hat gezeigt[59]), daß jedenfalls der Körper der h^λ-ten Einheitswurzeln (für ein hinreichend hohes λ) ausreicht.

Wir erwähnen in diesem Zusammenhang noch einen Satz von A. SPEISER[60]), nach dem *jede absolut-irreduzible Darstellung einer endlichen Gruppe ungerader Ordnung mit reellem Charakter schon im Körper der Charaktere realisierbar ist.*

§ 20. Darstellungen spezieller Gruppen.

Die Darstellungen der abelschen Gruppen haben wir in § 13 schon angegeben. Die Darstellungen der einfachsten nichtabelschen Gruppen: der Diedergruppen, der Tetraedergruppe, der Quaternionengruppe, der Ikosaedergruppe $\mathfrak{A}_5$ findet man z. B. in dem Buch von SPEISER[61]), die der Oktaedergruppe $\mathfrak{S}_4$ bei VAN DER WAERDEN[62]).

Die allgemeine Gestalt der treuen Darstellungen der Gruppen mit lauter zyklischen Sylowgruppen (also insbesondere der Gruppen von quadratfreier Ordnung) hat W. BURNSIDE[63]) angegeben. Diese Dar-

---

[56]) Vgl. G. FROBENIUS: S.-B. preuß. Akad. Wiss. **1903** 328.

[57]) Vgl. W. BURNSIDE: Proc. London Math. Soc. (2) **3** (1905) 239—252.

[58]) I. SCHUR: S.-B. preuß. Akad. Wiss. **1906** 164—184.

[59]) R. BRAUER, H. HASSE u. E. NOETHER: J. reine angew. Math. **167** (1931) 399—404.

[60]) A. SPEISER: Math. Z. **5** (1919) 1—6.

[61]) A. SPEISER: Theorie der Gruppen von endlicher Ordnung, 2. Aufl., § 59

[62]) B. L. VAN DER WAERDEN: Moderne Algebra II, § 125.

[63]) W. BURNSIDE: Messenger of Math. (2) **35** (1906) 46—50.

stellungen sind sämtlich monomial. Allgemeiner sind die Darstellungen einer zweistufigen metabelschen Gruppe nach § 8 alle monomial, und zwar werden die treuen irreduziblen Darstellungen einer solchen Gruppe nach K. Shoda[64]) induziert durch die linearen Darstellungen derjenigen maximalen abelschen Untergruppen, welche die Kommutatorgruppe umfassen.

Auch die Darstellungen der Gruppen der Ordnung p^n sind sämtlich monomial (vgl. § 8) und daher in jedem konkreten Fall leicht auffindbar.

Bei den komplizierter gebauten Gruppen geht meistens die Berechnung der Charaktere der wirklichen Aufstellung der Darstellungen voran. Zur Berechnung der Charaktere bedient man sich hauptsächlich zweier Methoden: der Methode des Aufsteigens und der Methode der Komposition. Bei der Methode des Aufsteigens geht man von bekannten Charakteren irgendeiner Untergruppe aus und berechnet aus ihnen die Spuren der induzierten Darstellungen der Obergruppe. Gelegentlich steigt man auch umgekehrt von einer Obergruppe zur Untergruppe herunter. Bei der Methode der Komposition berechnet man die Spur einer Produktdarstellung durch Multiplikation von zwei bekannten Charakteren. Um die durch diese Methoden erhaltenen zusammengesetzten Charaktere in einfache zu zerlegen, bedient man sich der Orthogonalitätsrelationen der Charaktere (§ 15). Mit diesen Methoden hat G. Frobenius die Charaktere der *binären Tetraeder-, Oktaeder- und Ikosaedergruppe*[65]) sowie die der *Modulargruppen PSL* $(2, p)$ berechnet[66]), ebenso I. Schur[67]) und gleichzeitig H. E. Jordan[68]) die Charaktere der Gruppen $SL(2, p^m)$ und $GL(2, p^m)$, weiter I. Schur[67]) die einer 2-isomorphen Überlagerungsgruppe von $SL(2, p^m)$. Die Charaktere der binären Kongruenzgruppe mod p^2 (bestehend aus den zweireihigen Matrices mod p^2 mit Determinante 1) hat H. Rohrbach[69]) bestimmt. Bildet man die Faktorgruppe dieser Kongruenzgruppe nach den Matrices λI, so erhält man die *Modulargruppe mod p^2*, deren Charaktere von H. W. Praetorius von neuem bestimmt worden sind[70]).

Ist eine Darstellung einer Gruppe als Permutationsgruppe vom Grade n gegeben, so kann man diese stets auch als eine Darstellung durch lineare Transformationen auffassen. Da die Summe aller permutierten Größen eine Invariante ist, spaltet sich die Einsdarstellung einmal ab. Die übrigbleibende Darstellung vom Grade $n - 1$ ist dann und nur dann irreduzibel, wenn die Permutationsgruppe zweifach transitiv ist. Dieser

---

64) K. Shoda: Proc. Phys.-Math. Soc. Jap. (3) **15** (1933) 249—257.
65) G. Frobenius: S.-B. preuß. Akad. Wiss. **1899** 330—339.
66) G. Frobenius: S.-B. preuß. Akad. Wiss. **1896** 1013—1021.
67) I. Schur: J. reine angew. Math. **132** (1907) 85—137.
68) H. E. Jordan: Amer. J. Math. **29** (1907) 387—405.
69) H. Rohrbach: Die Charaktere der binären Kongruenzgruppen mod p^2. Diss. Berlin 1932.
70) H. W. Praetorius: Abh. math. Semin. Hamburg. Univ. **9** (1933) 365—394.

Satz ist der erste einer Reihe von ähnlichen Sätzen von Frobenius[71]) über mehrfach transitive Gruppen. Mit Hilfe dieser Sätze hat Frobenius[71]) die Charaktere der beiden von Mathieu entdeckten 5 fach transitiven Permutationsgruppen der Grade 12 und 24 (der Ordnungen $12 \cdot 11 \cdot 10 \cdot 9 \cdot 8$ und $24 \cdot 23 \cdot 22 \cdot 21 \cdot 20 \cdot 48$) berechnet.

Die irreduziblen Darstellungen der *Modulargruppe PSL* $(2, p)$ sind für die Theorie der Modulfunktionen von Wichtigkeit und daher zum Teil mehrfach untersucht. Die Darstellung der *PSL* als Permutationsgruppe der $p + 1$ Punkte der projektiven Gerade ergibt zunächst eine irreduzible Darstellung vom Grade p (vgl. den vorigen Absatz). Zwei konjugiert-komplexe Darstellungen vom Grade $\dfrac{p + \varepsilon}{2}$, wo $\varepsilon = (-1)^{\frac{p-1}{2}}$, sind seit F. Klein[72]) bekannt. Weiter gibt es $\dfrac{p - \varepsilon - 4}{4}$ Darstellungen vom Grade $p + 1$, die E. Hecke[73]), und $\dfrac{p + \varepsilon - 2}{4}$ Darstellungen vom Grade $p - 1$, die B. Schoeneberg[74]) aufgestellt hat. Analog zu der Darstellung vom Grade $p + 1$ ist nach H. W. Praetorius[70]) eine Darstellung vom Grad $p(p + 1)$ der Modulargruppe mod p^2.

Am ausführlichsten sind die Darstellungen der *symmetrischen und alternierenden Gruppen* untersucht worden Im Fall der symmetrischen Gruppe hat G. Frobenius[75]) zunächst mit der Methode des Aufsteigens die Charaktere berechnet, indem er von den Einsdarstellungen gewisser Untergruppen $\mathfrak{H}_\alpha$, auf die wir später noch zurückkommen, ausging. Gestützt auf die Untersuchungen von A. Young[76]) hat G. Frobenius sodann[77]) die minimalen Linksideale des Gruppenringes, welche die irreduziblen Darstellungen erzeugen, direkt angeben können. Wir geben im folgenden nur das Ergebnis an und verweisen für die Beweise auf B. L. van der Waerden: Moderne Algebra II (1931) § 127.

Unter einem *Tableau* $T_\alpha = T_{\alpha_1, \alpha_2, \ldots, \alpha_h}$ möge eine Anordnung der Nummern $1, 2, \ldots, n$ in h Zeilen (h beliebig $\leqq n$) verstanden werden, bei der in der ν-ten Reihe α_ν Nummern stehen und die Bedingungen

$$(1) \qquad \begin{cases} \alpha_1 \geqq \alpha_2 \geqq \cdots \geqq \alpha_h \geqq 0 \\ \alpha_1 + \alpha_2 + \cdots + \alpha_h = n \end{cases}$$

erfüllt sind. Ist $\alpha_h = 0$, so darf α_h aus der Indexreihe $\alpha_1, \ldots, \alpha_h$ weggelassen werden; wir können also stets $\alpha_h > 0$ annehmen. Die *Spalten*

---

[71]) G. Frobenius: S.-B. preuß. Akad. Wiss. **1904** 558—571.

[72]) F. Klein: Math. Ann. **15** (1879) 275—278. — W. Burnside: Proc. Cambridge Philos. Soc. **22** (1929) 779—787.

[73]) E. Hecke: Abh. math. Semin. Hamburg. Univ. **6** (1928) 256—257.

[74]) B. Schoeneberg: Abh. math. Semin. Hamburg. Univ. **9** (1932) 1—14.

[75]) G. Frobenius: S.-B. preuß. Akad. Wiss. **1900** 516—534.

[76]) A. Young: Proc. London Math. Soc. **33** (1900) 97—146; **34** (1902) 361—397.

[77]) G. Frobenius: S.-B. preuß. Akad. Wiss. **1903** 328—358.

des Tableaus bestehen aus den ersten, zweiten, usw. Nummern aller Zeilen.

Es bezeichne P_α die im Gruppenring $\mathfrak{o}$ gebildete Summe aller der Permutationen, welche nur die Nummern innerhalb der Zeilen der Tableaus vertauschen, ebenso N_α die alternierende Summe aller der Permutationen, welche nur die Nummern innerhalb der Spalten vertauschen, wobei ungerade Permutationen mit dem Minuszeichen versehen werden. Zu jeder Lösung $(\alpha_1, \ldots, \alpha_h)$ von (1), die kurz mit α bezeichnet wird, wählen wir willkürlich ein Tableau T_α aus; jene Lösungen α werden lexikographisch angeordnet. Dann enthält das von N_α erzeugte Linksideal $\mathfrak{o} N_\alpha$ ein minimales Linksideal $\mathfrak{l}_\alpha$, welches sicher noch in keinem $\mathfrak{o} N_\beta$ mit $\beta < \alpha$ vorkommt. Dieses Linksideal $\mathfrak{l}_x$ wird von $P_\alpha N_\alpha$ erzeugt. $P_\alpha N_\alpha$ ist bis auf einen Zahlenfaktor idempotent[78]:

$$(P_\alpha N_\alpha)^2 = \lambda_\alpha (P_\alpha N_\alpha).$$

Somit gehört zu jeder ganzzahligen Lösung α des Gleichungssystems (1) eine irreduzible Darstellung $\mathfrak{D}_\alpha$, die von $\mathfrak{l}_\alpha$ vermittelt wird. In dieser Weise erhält man auch alle irreduziblen Darstellungen, da die Anzahl der Lösungen von (1) offenbar mit der Anzahl der Klassen konjugierter Gruppenelemente übereinstimmt. Die Summe aller $\mathfrak{l}$ und ihrer Transformierten $s \mathfrak{l}_\alpha s^{-1}$ ist der ganze Gruppenring $\mathfrak{o}$.

Im vorangehenden kann man auch die Rollen von N_α und P_α vertauschen: Das Linksideal $\mathfrak{o} P_\alpha$ enthält ein minimales Linksideal $\mathfrak{l}'_\alpha$, das in den $\mathfrak{o} P_\beta$ mit $\beta > \alpha$ nicht vorkommt und von $N_\alpha P_\alpha$ erzeugt wird. $\mathfrak{l}'_\alpha$ ist mit $\mathfrak{l}_\alpha$ äquivalent, d. h. operatorisomorph.

Die Darstellungen sind alle rational. Besteht das Tableau T_α nur aus einer Zeile bzw. Spalte, so ist die Darstellung $\mathfrak{D}_\alpha$ die Einsdarstellung bzw. diejenige Darstellung ersten Grades, bei der die geraden Permutationen durch 1, die ungeraden durch -1 dargestellt werden. Zu jedem Tableau gehört ein *gespiegeltes* Tableau (Vertauschung von Zeilen mit Spalten); die dazugehörige „assoziierte" Darstellung erhält man durch Multiplikation der darstellenden Matrices der ungeraden Permutationen mit -1.

A. Young[79] hat die Rechnung noch weiter durchgeführt, indem er die zur Zerlegung von $\mathfrak{o}$ in minimale Linksideale gehörigen Idempotenten e sowie die „Matrixeinheiten" $c_{ik}^{(\nu)}$, ausgedrückt durch die Gruppenelemente s, wirklich angegeben hat; aus diesen Formeln ergeben sich nach § 13, Gleichung (4) auch die irreduziblen Darstellungen in einer expliziten Form, die mit einer von I. Schur[80] angegebenen Matrixdarstellung übereinstimmt.

---

[78] Der Zahlenfaktor λ_α ergibt sich leicht als n_α^{-1}, wo n_α der Grad der Darstellung $\mathfrak{D}_\alpha$ ist.

[79] A. Young: J. London Math. Soc. **3** (1928) 14—19 — Proc. London Math. Soc. (2) **28** (1928) 255—292; **31** (1930) 253—272; **34** (1932) 196—230.

[80] I. Schur: S.-B. preuß. Akad. Wiss. **1908** 664—678.

Um die Charaktere der Darstellungen $\mathfrak{D}_\alpha$ zu berechnen, verfährt FROBENIUS[81]) folgendermaßen. Man berechne zuerst die Spur der durch das Ideal $\mathfrak{o}P_\alpha$ vermittelten Darstellung $\mathfrak{P}_\alpha$, welche $\mathfrak{D}_\alpha$ einmal als Bestandteil enthält. Da P_α die Summe der Elemente derjenigen Gruppe $\mathfrak{H}_\alpha$ ist, welche die Zeilen des Tableaus T_α invariant läßt, ist $\mathfrak{P}_\alpha$ die von der Einsdarstellung von $\mathfrak{H}_\alpha$ induzierte imprimitive Darstellung, also eine Darstellung durch Permutationen, deren Spuren leicht zu berechnen sind. Das Ergebnis ist, daß die Spur einer Permutation s, die in Zyklen der Längen $\gamma_1, \gamma_2, \ldots$ zerfällt, gleich dem Koeffizienten von $x_1^{\alpha_1} x_2^{\alpha_2}$ $\ldots x_h^{\alpha_h}$ im Produkt $(x_1^{\gamma_1} + x_2^{\gamma_1} + \cdots + x_h^{\gamma_1})\,(x_1^{\gamma_2} + \cdots + x_h^{\gamma_2})\,\ldots$ ist. Aus diesen Spuren lassen sich nun durch Linearkombination die Charaktere gewinnen, und zwar ist, wie FROBENIUS durch eine kunstvolle Rechnung auf Grund der Orthogonalitätsrelationen beweist, $\chi(s)$ gleich dem Koeffizienten von $x_1^{\beta_1} x_2^{\beta_2} \ldots x_h^{\beta_h}$ im Polynom

$$(2) \qquad \Delta \cdot (x_1^{\gamma_1} + x_2^{\gamma_1} + \cdots + x_h^{\gamma_1})\,(x_1^{\gamma_2} + \cdots + x_h^{\gamma_2})\,\ldots$$

mit

$$\Delta = \prod_{\mu < \nu}(x_\mu - x_\nu); \qquad \beta_\nu = \alpha_\nu + (h - \nu).$$

Insbesondere findet man für den Grad $n_\alpha = \chi_\alpha(1)$ die Formeln

$$n_\alpha = \sum_{i=1}^{h} n_{\alpha_1 \alpha_2 \ldots (\alpha_i - 1)\,\alpha_{i+1} \ldots \alpha_h}$$

$$n_\alpha = \frac{n!}{\beta_1!\,\beta_2!\,\ldots\,\beta_h!} \prod_{\mu < \nu}(\beta_\mu - \beta_\nu).$$

Andere Herleitungen der FROBENIUSschen erzeugenden Funktion (2) haben I. SCHUR[82]), H. WEYL[83]) und A. YOUNG[84]) gegeben. Die Herleitungen von SCHUR und WEYL benutzen den Zusammenhang mit den Darstellungen der linearen Gruppe (vgl. § 22), während A. YOUNG die folgende bemerkenswerte Relation im Gruppenring herleitet:

$$(3) \qquad \frac{n!}{n_\alpha} I_\alpha = \prod_{r < s}(1 - \Omega_{rs}) S_\alpha.$$

Darin bedeutet I_α das zur Darstellung $\mathfrak{D}_\alpha$ gehörige idempotente Zentrumselement (vgl. § 15, 5), S_α die Summe aller *verschiedenen* P_α, welche durch Permutation der Nummern in einem Schema Σ_α entstehen, weiter Ω_{rs} eine Operation auf die Indices $\alpha_1, \ldots, \alpha_h$, welche darin besteht, daß der Index α_r um 1 vermehrt und α_s um 1 vermindert wird.

[81]) G. FROBENIUS: S.-B. preuß. Akad. Wiss. **1900** 516—534.

[82]) I. SCHUR: S.-B. preuß. Akad. Wiss. **1908** 664—678; **1927** 58—75 — Diss. Berlin 1901, S. 31.

[83]) H. WEYL: Math. Z. **23** (1925) 271—309 — Gruppentheorie und Quantenmechanik, 2. Aufl. Leipzig 1931, Kap. 5.

[84]) A. YOUNG: Proc. London Math. Soc. **34** (1932) 196—230.

Sind nach Ausführung eines Produktes von Operationen Ω_{rs} die Bedingungen (1) verletzt, so ist das betreffende Glied in (3) gleich Null zu setzen. Die Formel (3) gestattet auf Grund der Formel (16) § 15:

$$\frac{n!}{n_\alpha} I_\alpha = \sum_s \chi_\alpha (s^{-1}) s$$

die Berechnung der Charaktere $\chi_\alpha (s)$.

Andere Berechnungsweisen der Charaktere haben LITTLEWOOD und RICHARDSON[85]) angegeben. In ihrer Arbeit findet man auch eine Tabelle der Charaktere der $\mathfrak{S}_n$ für alle $n \leqq 9$.

Darstellungen niedrigsten Grades der $\mathfrak{S}_n$. Außer den beiden trivialen linearen Darstellungen gibt es nur für $n = 4$ noch eine untreue Darstellung (vom Grade 2). Alle übrigen Darstellungen haben mindestens den Grad $n - 1$. Vom genauen Grad $n - 1$ gibt es für $n \neq 6$ nur zwei Darstellungen: die eine ergibt sich sofort aus der Darstellung der $\mathfrak{S}_n$ als Permutationsgruppe n-ten Grades, und die andere ist dazu assoziiert. Für $n = 6$ kommen noch die beiden Darstellungen 5. Grades hinzu, die aus den beiden eben genannten vermöge des bekannten Automorphismus der Gruppe hervorgehen.

Die Darstellungen der *alternierenden Gruppe* lassen sich zum größten Teil unmittelbar aus denen der symmetrischen Gruppe herleiten[86]). Aus den Orthogonalitätsrelationen für die Charaktere folgt nämlich leicht, daß die irreduziblen Darstellungen der symmetrischen Gruppe $\mathfrak{S}_n$ auch die alternierende $\mathfrak{A}_n$ irreduzibel darstellen, ausgenommen diejenigen, deren Tableau bei Spiegelung in sich übergeht: diese zerfallen in je zwei inäquivalente irreduzible Darstellungen der $\mathfrak{A}_n$, die sich durch die Werte einer irrationalen Quadratwurzel voneinander unterscheiden. Ihre Charaktere hat G. FROBENIUS[86]) ausgerechnet. Der niedrigste Grad einer treuen Darstellung ist auch jetzt $n - 1$, ausgenommen im Fall $n = 5$, wo eine Darstellung 3. Grades existiert.

A. YOUNG[87]) hat auch den Gruppenring der Hyperoktaedergruppe, d. h. der Gruppe der linearen Transformationen der n-dimensionalen Verallgemeinerung des Oktaeders[88]) in derselben Weise untersucht wie den der symmetrischen Gruppe. Er findet wieder explizite Formeln für die Matrixelemente und Charaktere der irreduziblen Darstellungen. Diese sind, wie im Fall der symmetrischen Gruppe, rationale Zahlen. Dasselbe gilt von einer Untergruppe vom Index 2, welche A. YOUNG ebenfalls untersucht hat.

---

[85]) D. E. LITTLEWOOD and A. R. RICHARDSON: Philos. Trans. Roy. Soc. London (A) **233** (1934) 99—141.

[86]) G. FROBENIUS: S.-B. preuß. Akad. Wiss. **1901** 303—315.

[87]) A. YOUNG: Proc. London Math. Soc. (2) **31** (1930) 273—288.

[88]) Es handelt sich um die Gruppe der monomialen Substitutionen, deren Matrices nur Elemente ± 1 und 0 enthalten.

Die Hyperoktaedergruppe ist ein Spezialfall einer Gattung von Gruppen der Ordnungen $n!\,g^n$, deren Darstellungen W. Specht[89] untersucht hat. Auf eine von I. Schur betrachtete Reihe von Gruppen der Ordnungen $2n!$ bzw. $n!$, welche ebenfalls die $\mathfrak{S}_n$ bzw. $\mathfrak{A}_n$ als Faktorgruppe besitzen, kommen wir in § 21 zurück.

§ 21. Darstellungen von Gruppen durch projektive Transformationen.

Eine homomorphe *Darstellung einer Gruppe $\mathfrak{H}$ durch projektive Transformationen*, kurz eine *projektive Darstellung* von $\mathfrak{H}$ wird dadurch erhalten, daß den Elementen $a, b, \ldots$ von $\mathfrak{H}$ nichtsinguläre Matrices $A, B, \ldots$ (oder lineare Transformationen $\mathsf{A}, \mathsf{B}, \ldots$) derart zugeordnet werden, daß dem Produkt ab die Matrix $\varepsilon_{a,b} AB$ entspricht. Die von Null verschiedenen Zahlen $\varepsilon_{a,b}$ bilden das *Faktorensystem* der Darstellung. Zwei Darstellungen $a \to A$ und $a \to A'$ heißen *assoziiert*, wenn stets $A = \delta_a A'$ ist ($\delta_a \neq 0$); das bedeutet also, daß es sich zwar um verschiedene Matrices, aber um dieselben projektiven Transformationen handelt. Ebenso nennt man die zugehörigen Faktorensysteme $\varepsilon_{a,b}$ und $\varepsilon'_{a,b}$ assoziiert; offenbar lautet die Bedingung dafür:

$$\varepsilon'_{a,b} = \frac{\delta_a\,\delta_b}{\delta_{ab}}\,\varepsilon_{a,b}.$$

Das Faktorensystem muß den Relationen

$$(1) \qquad \varepsilon_{a,bc}\,\varepsilon_{b,c} = \varepsilon_{a,b}\,\varepsilon_{ab,c}$$

genügen. Sind alle $\varepsilon_{a,b} = 1$, so handelt es sich um eine Darstellung im gewöhnlichen Sinn oder, wie wir jetzt sagen werden, um eine *ganze Darstellung*.

In seiner grundlegenden Arbeit[90] hat I. Schur angegeben, wie man für *endliche* Gruppen $\mathfrak{H}$ das Problem der Auffindung aller projektiven Darstellungen auf das schon früher gelöste Problem der Auffindung aller ganzen Darstellungen zurückführen kann, indem man zu $\mathfrak{H}$ eine Überlagerungsgruppe $\mathfrak{G}$ konstruiert, deren ganze Darstellungen gerade alle projektiven Darstellungen von $\mathfrak{H}$ vermitteln. Dabei ist $\mathfrak{H} \cong \mathfrak{G}/\mathfrak{A}$ und der Normalteiler $\mathfrak{A}$ im Zentrum von $\mathfrak{G}$ enthalten. Zu diesem Ergebnis gelangt man auf folgendem Wege, wobei für die genaue Durchführung der Beweise auf die erwähnte Schursche Arbeit verwiesen wird.

Jedes System von Zahlen $\varepsilon_{a,b}$, welches die Relationen (1) erfüllt, ist Faktorensystem einer Darstellung, und zwar erhält man eine solche,

---

[89] W. Specht: Eine Verallgemeinerung der symmetrischen Gruppe. Diss. Berlin 1932.

[90] I. Schur: Über die Darstellung der endlichen Gruppen durch gebrochene lineare Substitutionen. J. f. M. **127** (1904) 20—50.

indem man als Vektorenraum den Gruppenring wählt und die dem Gruppenelement a zugeordnete Transformation A durch

$$\mathsf{A}\,b = \varepsilon_{a,b}\,a\,b$$

definiert[91]). Jede zum gleichen Faktorensystem gehörige irreduzible Darstellung ist einem Bestandteil dieser einen Darstellung äquivalent.

Die Ordnung der gegebenen Gruppe $\mathfrak{H}$ heiße h. Dann gibt es zu jedem Faktorensystem ein assoziiertes, dessen Faktoren h-te Einheitswurzeln sind. Es gibt also nur endlich viele wesentlich verschiedene Faktorensysteme.

Das Produkt zweier Faktorensysteme ist wieder ein Faktorensystem. Die Klassen assoziierter Faktorensysteme bilden daher eine abelsche Gruppe $\mathfrak{M}$ endlicher Ordnung m, die man den *Multiplikator* von $\mathfrak{H}$ nennt.

Ist $\mathfrak{G}$ eine Gruppe, deren Zentrum eine Untergruppe $\mathfrak{A}$ enthält derart, daß $\mathfrak{G}/\mathfrak{A} \simeq \mathfrak{H}$ ist, so vermittelt jede absolut-irreduzible ganze Darstellung von $\mathfrak{G}$ eine irreduzible projektive Darstellung von $\mathfrak{H}$. Da nämlich die Zentrumselemente bei der Darstellung notwendig durch Vielfache λI der Einheitsmatrix dargestellt werden, so unterscheiden sich die darstellenden Matrices der Elemente einer Restklasse nach $\mathfrak{A}$ immer nur um Zahlenfaktoren λ.

Eine solche Gruppe $\mathfrak{G}$ heißt eine *durch die abelsche Gruppe A ergänzte Überlagerung von* $\mathfrak{H}$. Man beweist leicht: *Alle projektiven Darstellungen von* $\mathfrak{H}$ *können in der obigen Weise aus ganzen Darstellungen von durch abelsche Gruppen ergänzten Überlagerungen von* $\mathfrak{H}$ *erhalten werden.*

Eine *hinreichend ergänzte* Überlagerung von $\mathfrak{H}$ ist eine solche Gruppe $\mathfrak{G}$ der obigen Beschaffenheit, daß jede irreduzible projektive Darstellung von $\mathfrak{H}$ durch eine ganze Darstellung von $\mathfrak{G}$ vermittelt wird. Dazu ist notwendig und hinreichend, daß der Durchschnitt von $\mathfrak{A}$ mit der Kommutatorgruppe von $\mathfrak{G}$ dieselbe Ordnung wie $\mathfrak{M}$ hat.

Eine hinreichend ergänzte Überlagerungsgruppe kleinster Ordnung heißt eine *Darstellungsgruppe* von $\mathfrak{H}$. $\mathfrak{G}$ ist eine Darstellungsgruppe, wenn $\mathfrak{A}$ in der Kommutatorgruppe von $\mathfrak{G}$ enthalten ist und dieselbe Ordnung wie $\mathfrak{M}$ hat. Dann ist auch $\mathfrak{M} \simeq \mathfrak{A}$. Damit ist ein Kriterium für eine Darstellungsgruppe gefunden, welches auch praktisch anwendbar ist, sobald man die Ordnung m von $\mathfrak{M}$ kennt.

Nun wird eine Darstellungsgruppe $\mathfrak{G}$ von der Ordnung mh folgendermaßen konstruiert[92]): Sind $s_1, \ldots, s_n$ die Erzeugenden von $\mathfrak{H}$ und $f_\lambda(s_\mu) = 1 \; (\lambda = 1, \ldots, q)$ die definierenden Relationen, so wird zunächst eine unendliche Gruppe $\mathfrak{G}'$ mit den erzeugenden Elementen $Q_1, \ldots, Q_n$ definiert durch die Relationen, die besagen, daß die Ausdrücke

$$f_\lambda(Q_\mu) = J_\lambda$$

---

[91]) Vgl. M. Tazawa: Sci. Rep. Tôhoku Univ., I. s. **23** (1934) 76—88.

mit allen Q_λ vertauschbar sein sollen. Diese J_λ erzeugen dann eine abelsche Gruppe $\mathfrak{B}'$ im Zentrum von $\mathfrak{G}'$, welche als direktes Produkt einer zu $\mathfrak{M}$ isomorphen Gruppe und einer unendlichen Gruppe mit genau n Erzeugenden $Z_1, \ldots, Z_n$ dargestellt werden kann. Nimmt man nun noch die Relationen $Z_1 = 1, \ldots, Z_n = 1$ zu den obigen definierenden Relationen hinzu, so geht $\mathfrak{G}'$ in eine Darstellungsgruppe $\mathfrak{G}$ und $\mathfrak{B}'$ in die zu $\mathfrak{M}$ isomorphe Gruppe $\mathfrak{A}$ über.

Es kann mehrere nichtisomorphe Darstellungsgruppen geben, aber ihre Gruppen $\mathfrak{A}$ sowie ihre Kommutatorgruppen $\mathfrak{R}$ sind alle untereinander isomorph. In einer bereits zitierten Arbeit[92]) gibt I. Schur Schranken für die Anzahl der wesentlich verschiedenen Darstellungsgruppen an.

Eine Gruppe $\mathfrak{H}$ heißt *abgeschlossen*, wenn sie ihre eigene Darstellungsgruppe ist; in diesem Fall ist jede projektive Darstellung zu einer ganzen Darstellung assoziiert. Aus der oben angegebenen Konstruktion folgt, daß eine Gruppe abgeschlossen ist, wenn man die dort konstruierte Gruppe $\mathfrak{B}'$ durch Hinzunahme von genau n weiteren Relationen $\Pi J_\lambda = 1$ auf die Einheitsgruppe reduzieren kann. Allgemeiner gilt: *Wenn man die Gruppe $\mathfrak{B}'$ durch Hinzunahme von genau n Relationen auf eine Gruppe der Ordnung μ reduzieren kann, so ist $m \le \mu$.*

Mit Hilfe dieser Sätze beweist man ohne weiteres, daß alle zyklischen Gruppen sowie eine Reihe von Primzahlpotenzgruppen, darunter die Quaternionengruppe, abgeschlossen sind. Weiter gilt: Sind alle Sylowgruppen von $\mathfrak{H}$ abgeschlossen, so gilt dasselbe von $\mathfrak{H}$. Insbesondere sind also alle Gruppen von quadratfreier Ordnung abgeschlossen.

Ist $\mathfrak{L}$ eine durch $\mathfrak{A}$ ergänzte Überlagerung von $\mathfrak{H}$, deren Kommutatorgruppe $\mathfrak{A}$ enthält, so ist die Ordnung m des Multiplikators von $\mathfrak{H}$ ein Teiler des Produktes der Ordnungen von $\mathfrak{A}$ und des Multiplikators von $\mathfrak{L}$. Ist insbesondere $\mathfrak{L}$ abgeschlossen, so ist $\mathfrak{L}$ eine Darstellungsgruppe von $\mathfrak{H}$.

In der zuletzt erwähnten Arbeit[92]) hat I. Schur für eine Reihe von speziellen Gruppen, darunter die Gruppen $SL(2, p^m)$ und $PGL(2, p^m)$ die Darstellungsgruppen sowie deren Charaktere angegeben. Die Multiplikatorgruppen der endlichen abelschen Gruppen ergeben sich (ebenda S. 113) aus einem allgemeinen Satz, der den Multiplikator eines direkten Produktes durch die Multiplikatoren der direkten Faktoren auszudrücken gestattet. Die Darstellungsgruppen und die projektiven Darstellungen der endlichen abelschen Gruppen hat R. Frucht[93]) vollständig bestimmt.

Für die symmetrischen Gruppen $\mathfrak{S}_n$ und die alternierenden $\mathfrak{A}_n$ hat I. Schur[94]) die Darstellungsgruppen bestimmt, mit folgendem Ergebnis:

---

[92]) I. Schur: J. reine angew. Math. **132** (1907) 85—137.
[93]) R. Frucht: J. reine angew. Math. **166** (1931) 16—29.
[94]) I. Schur: J. reine angew. Math. **139** (1911) 155—250.

Die Gruppen $\mathfrak{A}_3$ und $\mathfrak{S}_3$ sind abgeschlossen. Für $n > 3$ hat die Gruppe $\mathfrak{S}_n$ zwei Darstellungsgruppen $\mathfrak{T}_n$ und $\mathfrak{T}'_n$ von der Ordnung $2 \cdot n!$, die zu $\mathfrak{S}_n$ zweistufig homomorph sind. Für $n = 4$, $n = 5$ und $n > 7$ hat $\mathfrak{A}_n$ eine zu $\mathfrak{A}_n$ zweistufig homomorphe Darstellungsgruppe $\mathfrak{B}_n$ von der Ordnung $n!$, nämlich die Kommutatorgruppe von $\mathfrak{T}_n$. Die Darstellungsgruppen $\mathfrak{C}_6$ und $\mathfrak{C}_7$ von $\mathfrak{A}_6$ und $\mathfrak{A}_7$ haben dagegen die Ordnungen $3 \cdot 6!$ bzw. $3 \cdot 7!$ und sind sechsstufig homomorph zu $\mathfrak{A}_6$ bzw. $\mathfrak{A}_7$.

Um die projektiven Darstellungen von $\mathfrak{S}_n$ und $\mathfrak{A}_n$ zu finden, hat man die ganzen Darstellungen der Gruppen $\mathfrak{T}_n$, $\mathfrak{B}_n$, $\mathfrak{C}_6$, $\mathfrak{C}_7$ aufzufinden. Dieses Problem hat I. Schur durch Berechnung der Charaktere im Prinzip gelöst. Das Ergebnis ist das folgende: Sieht man von den ganzen Darstellungen der $\mathfrak{S}_n$ bzw. $\mathfrak{A}_n$ ab, so ist die Darstellung niedrigsten Grades von $\mathfrak{T}_n$ eine Darstellung vom Grade 2^e, wo $e = \left[\dfrac{n-1}{2}\right]$ gesetzt wird. Diese wird auch explizit angegeben [l. c.[94]), Abschnitt VI]. Die übrigen irreduziblen Darstellungen von $\mathfrak{T}_n$ entsprechen den Zerlegungen der Zahl n in lauter verschiedene Summanden:

$$n = \nu_1 + \nu_2 + \cdots + \nu_m; \qquad (\nu_1 > \nu_2 > \cdots > \nu_m > 0)$$

ihre Grade sind

$$f_{\nu_1 \ldots \nu_m} = 2^{\left[\frac{n-m}{2}\right]} \frac{n!}{\nu_1! \, \nu_2! \, \nu_m!} \prod_{\alpha < \beta} \frac{\nu_\alpha - \nu_\beta}{\nu_\alpha + \nu_\beta}.$$

Falls die zu zwei Zerlegungen $n = \nu_1 + \cdots + \nu_m$ gehörigen Schemata durch Spiegelung (Vertauschung von Reihen und Spalten) ineinander übergehen, unterscheiden sich die zugehörigen irreduziblen Darstellungen von $\mathfrak{T}_n$ nur in den Vorzeichen der Matrices; sie sind also zueinander assoziiert (d. h. projektiv gleichwertig).

Ist $n - m$ ungerade, so ergeben die Darstellungen von $\mathfrak{T}_n$ auch irreduzible Darstellungen der Untergruppe $\mathfrak{B}_n$. Ist $n - m$ gerade, so zerfallen die Darstellungen für $\mathfrak{B}_n$ in zwei Darstellungen gleichen Grades. Die Grade der durch $\mathfrak{T}_n$ vermittelten projektiven Darstellungen von $\mathfrak{S}_n$ ($n \leq 7$) sind in folgender Tabelle angegeben. Diejenigen, welche für $\mathfrak{A}_n$ in je zwei Darstellungen zerfallen, sind unterstrichen. Vor dem Trennungsstrich stehen die ganzen Darstellungen:

$$
\begin{array}{llllllllll}
n = 4: & 1, & \underline{2}, & 3, & & & & & \bigg| & 2, & \underline{4} \\
n = 5: & 1, & 4, & 5, & \underline{6}, & & & & \bigg| & \underline{4}, & 4, & 6 \\
n = 6: & 1, & 5, & 5, & 9, & 10, & \underline{16}, & & \bigg| & 4, & 4, & \underline{16}, & \underline{20} \\
n = 7: & 1, & 6, & 14, & 14, & 15, & \underline{20}, & 21, & 35, & \bigg| & \underline{8}, & 20, & 20, & \underline{28}, & 36.
\end{array}
$$

Die Gruppen $\mathfrak{C}_6$ und $\mathfrak{C}_7$ besitzen je 31 bzw. 40 wesentlich verschiedene irreduzible Darstellungen, darunter 9 bzw. 12 Paare konjugiert-komplexer Darstellungen, welche nicht schon unter den Darstellungen von $\mathfrak{T}_6$ bzw. $\mathfrak{T}_7$ vorkommen. Die Grade der letzteren sind:

$$
\begin{array}{lllllllll}
n = 6: & 3, & 3, & 6, & 9, & 15, & & \bigg| & 6, & 6, & 12, & 12 \\
n = 7: & 6, & 15, & 15, & 21, & 21, & 24, & 24, & \bigg| & 6, & 6, & 24, & 24, & 36.
\end{array}
$$

Vor dem Strich stehen diejenigen Darstellungen, die schon durch eine dreistufig homomorphe Überlagerung von $\mathfrak{A}_6$ vermittelt werden.

Die beiden projektiven Darstellungen dritten Grades der Gruppe $\mathfrak{A}_6$ liefern alle beide die ternäre Valentinergruppe (vgl. § 9). Auch die übrigen in § 9 erwähnten, zu $\mathfrak{A}_5$, $\mathfrak{S}_5$, $\mathfrak{A}_6$, $\mathfrak{S}_6$ und $\mathfrak{A}_7$ isomorphen Gruppen sind natürlich in unserer Tabelle vertreten; außerdem ergibt sich, daß es keine anderen quaternären projektiven Gruppen $\mathfrak{A}_n$ oder $\mathfrak{S}_n$ geben kann[95]). Die drei projektiven Darstellungen sechsten Grades der $\mathfrak{A}_7$ hat I. Schur explizit angegeben. Die Charaktere der anderen wurden durch Komposition und Ausreduktion gewonnen.

K. Asano[95a]) hat die Darstellungen einer endlichen Gruppe durch *reelle* projektive Transformationen untersucht.

§ 22. Die rationalen Darstellungen der allgemeinen linearen Gruppe.

Die Darstellungstheorie der vollen linearen Gruppe $GL(\mathsf{K})$, wo K ein Körper der Charakteristik Null ist, läßt sich vollständig mit algebraischen Methoden erledigen, sobald man sich auf diejenigen Darstellungen beschränkt, bei denen die Elemente der darstellenden Matrices $T(\mathsf{A})$ *ganze rationale Funktionen* der Matrixelemente einer Transformation A der $GL(\mathsf{K})$ sind[96]).

Indem man zuerst das Zentrum der Gruppe $GL(\mathsf{K})$ näher betrachtet, welches aus den Transformationen λI besteht, beweist man leicht, daß jede ganzrationale Darstellung vollständig zerfällt in solche, bei denen die Elemente der darstellenden Matrices *homogene Funktionen* (etwa m-ten Grades) der Matrixelemente $a_{\varkappa\lambda}$ von A sind:

$$(1) \qquad d_{ik} = \sum c_{ik,\,\varkappa_1\ldots\varkappa_m,\,\lambda_1\ldots\lambda_m}\, a_{\varkappa_1\lambda_1}\, a_{\varkappa_2\lambda_2} \cdots a_{\varkappa_m\lambda_m}.$$

Die Zahl m wollen wir die *Stufe* der Darstellung nennen.

Eine besondere Darstellung ist die *Tensordarstellung* m-ter Stufe $\mathfrak{T}_m$, die man als Produktdarstellung $\mathfrak{T}_1 \times \mathfrak{T}_1 \times \cdots \times \mathfrak{T}_1$ definieren kann, wobei $\mathfrak{T}_1$ die *Vektordarstellung* ist, bei der die Transformation A durch ihre eigene Matrix A dargestellt wird. Sind $u_1, \ldots, u_n$ die Basisvektoren des n-dimensionalen Vektorraumes, ebenso $v_1, \ldots, v_n$ die eines zweiten (kogredient transformierten) Vektorraumes usw., so sind die Produkte $u_\lambda v_\mu \ldots w_\nu$ die Basistensoren des *Tensorraumes m-ter Stufe*, in dem

---

[95]) Vgl. H. Maschke: Math. Ann. **51** (1899) 253—294.

[95a]) K. Asano: Proc. Imp. Acad. Jap. **9** (1933) 574—576.

[96]) Für die Sätze und Methoden dieses Paragraphen siehe I. Schur: Über eine Klasse von Matrices, die sich einer gegebenen Matrix zuordnen lassen. Diss. Berlin 1901. — H. Weyl: Math. Z. **23** (1925) 271—300. — I. Schur: S.-B. preuß. Akad. Wiss. **1927** 58—75. — H. Weyl: Gruppentheorie und Quantenmechanik, 2. Aufl. Leipzig 1931, Kap. V.

die Tensordarstellung stattfindet; Tensoren sind also Ausdrücke der Gestalt

$$t = \sum t_{\lambda\mu\ldots\nu}\, u_\lambda v_\mu \ldots w_\nu,$$

welche durch n^m beliebige Tensorkomponenten $t_{\lambda\mu\ldots\nu}$ bestimmt werden. Die Matrices der Tensordarstellung sind offenbar:

$$(2) \qquad a_{\varkappa_1\ldots\varkappa_m,\,\lambda_1\ldots\lambda_m} = a_{\varkappa_1\lambda_1}\, a_{\varkappa_2\lambda_2} \ldots a_{\varkappa_m\lambda_m}.$$

Die lineare Hülle der Menge der Matrices (2) besteht, wie H. WEYL[97] äußerst einfach gezeigt hat, aus allen *symmetrischen Transformationen*, d. h. aus denjenigen Transformationen des Tensorraumes in sich, deren Matrixelemente $a_{\varkappa_1\ldots\varkappa_m,\,\lambda_1\ldots\lambda_m}$ bei jeder auf die Reihenfolge der $\varkappa$ und gleichzeitig auf die Reihenfolge der λ auszuübenden Permutation Q invariant bleiben. Das System der symmetrischen Transformationen heiße $\mathfrak{S}$.

Alles weitere beruht nun auf dem fast selbstverständlichen Satz:

Jede Darstellung m-ter Stufe (1) *von GL* (K) *läßt sich in eindeutiger Weise zu einer Darstellung des hyperkomplexen Systems* $\mathfrak{S}$ *erweitern; dabei ergeben äquivalente bzw. reduzible bzw. zerfallende Darstellungen von GL* (K) *wieder ebensolche Darstellungen von* $\mathfrak{S}$.

Die verlangte Darstellung von $\mathfrak{S}$ wird offenbar durch

$$(3) \qquad d_{ik} = \sum c_{ik,\,\varkappa_1\ldots\varkappa_m,\,\lambda_1\ldots\lambda_m}\, a_{\varkappa_1\ldots\varkappa_m,\,\lambda_1\ldots\lambda_m}$$

geliefert.

Wir werden nun das System $\mathfrak{S}$ noch etwas anders charakterisieren und dann beweisen, daß es halbeinfach ist.

Der Tensor t möge durch die auf die Stellen der Tensorindices $\lambda_1,\ldots,\lambda_m$ ausgeübte Permutation Q in Qt übergehen. Die in dieser Weise durch die Permutationen Q induzierten Transformationen bilden ein System $\mathfrak{Q}$ von linearen Transformationen des Tensorraumes $\mathfrak{M}$. Die Definition von $\mathfrak{S}$ läßt sich nun auch so wenden: *Das System* $\mathfrak{S}$ *besteht aus den Transformationen von* $\mathfrak{M}$ *in sich, die mit allen Transformationen des Systems* $\mathfrak{Q}$ *vertauschbar sind.* Nun ist $\mathfrak{Q}$ eine Darstellung der symmetrischen Gruppe $\mathfrak{S}_m$, somit vollständig reduzibel, falls die Charakteristik des Körpers K nicht in die Gruppenordnung $m!$ aufgeht, also insbesondere im Fall der Charakteristik Null. Daraus folgt nach § 11 unmittelbar, daß das System $\mathfrak{S}$ eine direkte Summe von vollen Matrixringen, also halbeinfach ist.

Aus der Halbeinfachheit von $\mathfrak{S}$ folgt nach § 12 weiter, daß jede Darstellung von $\mathfrak{S}$ vollständig reduzibel ist und daß die irreduziblen Darstellungen schon in der regulären Darstellung enthalten sind. Nun ist $\mathfrak{S}$ von vornherein als System von linearen Transformationen, also in einer treuen Darstellung gegeben; in dieser Darstellung kommen alle irreduziblen Darstellungen mindestens einmal vor (sonst wäre sie nicht

---

[97] H. WEYL: Ann. of Math. (2) **30** (1929) 499—516.

treu). Also folgt: *Jede ganzrationale Darstellung der allgemeinen linearen Gruppe ist vollständig reduzibel, und die irreduziblen Darstellungen m-ter Stufe sind schon in der Tensordarstellung $\mathfrak{T}_m$ als Bestandteile enthalten.*

Um die Vertauschbarkeitsrelation zwischen $\mathfrak{Q}$ und $\mathfrak{S}$ umkehren zu können, müssen wir nach dem Satz von RABINOWITSCH (§ 12) zu $\mathfrak{Q}$ alle Linearkombinationen hinzunehmen. Das erreichen wir, indem wir die Darstellung $\mathfrak{Q}$ der Gruppe $\mathfrak{S}_n$ zu einer Darstellung $\mathfrak{R}^*$ des Gruppenringes $\mathfrak{R}$ der Gruppe $\mathfrak{S}_n$ erweitern (vgl. § 13). Ist $r = \sum \lambda_Q Q$ ein Element von $\mathfrak{R}$, so haben wir, um die von r induzierte Transformation im Tensorraum zu finden,

$$(4) \qquad r = \sum \lambda_Q Q t$$

zu setzen; die so erhaltenen Transformationen bilden die lineare Hülle $\mathfrak{R}^*$ von $\mathfrak{Q}$.

Nach § 12 ist nun auch $\mathfrak{R}^*$ das System der mit allen Transformationen von $\mathfrak{S}$ vertauschbaren Transformationen. Nach § 11 entsprechen die gegenüber $\mathfrak{S}$ invarianten Teilräume des Tensorraumes $\mathfrak{M}$ eineindeutig den Rechtsidealen $\mathfrak{r}^*$ des Ringes $\mathfrak{R}^*$, wobei die Begriffe äquivalent, reduzibel und zerfallend sich übertragen. Wird $\mathfrak{r}^*$ von dem Idempotent e^* erzeugt: $\mathfrak{r}^* = e^* \mathfrak{R}^*$, so ist $\mathfrak{N} = \mathfrak{r}^* \mathfrak{M} = e^* \mathfrak{M}$, d. h.: *Ein invarianter Teilraum des Tensorraumes $\mathfrak{M}$ besteht aus allen Tensoren der Gestalt $e^* t$, wo e^* ein Idempotent des Ringes $\mathfrak{R}^*$ der Operationen* (4) *ist und wo t alle Tensoren schlechthin durchläuft.*

Eine Zerlegung von $\mathfrak{R}^*$ in minimale Rechtsideale ergibt in dieser Weise eine Zerlegung von $\mathfrak{M}$ in irreduzible Teilräume gegenüber $\mathfrak{S}$.

Im Falle $n \geqq m$ ist $\mathfrak{R}^*$ eine treue Darstellung von $\mathfrak{R}$; denn es gibt dann einen Tensor t mit nur einer von Null verschiedenen Komponente $t_{12\ldots m}$, welcher mit seinen permutierten Tensoren $Q t$ ein System von linear unabhängigen Tensoren bildet, welches System genau die reguläre (treue) Darstellung von $\mathfrak{R}$ erleidet. Man kann in diesem Fall in allen obigen Sätzen einfach $\mathfrak{R}^*$ durch den Gruppenring $\mathfrak{R}$ ersetzen.

Im Falle $n < m$ dagegen ist $\mathfrak{R} \cong \mathfrak{R}/\mathfrak{R}_1$, wo $\mathfrak{R}_1$ ein zweiseitiges Ideal von $\mathfrak{R}$ ist, das durch $\mathfrak{R}_1 \mathfrak{M} = 0$ charakterisiert wird. Setzt man $\mathfrak{R} = \mathfrak{R}_1 + \mathfrak{R}_2$, so ist $\mathfrak{R}^*$ ein treues Bild von $\mathfrak{R}_2^*$. Jeder invariante Teilraum $\mathfrak{N}$ von $\mathfrak{M}$ kann also eindeutig in der Form

$$\mathfrak{N} = \mathfrak{r} \mathfrak{M} = e \mathfrak{M}$$

erhalten werden, wo $\mathfrak{r} = e \mathfrak{R} = e \mathfrak{R}_2$ ein in $\mathfrak{R}_2$ enthaltenes Rechtsideal ist. Die minimalen Linksideale von $\mathfrak{R}$ sind entweder in $\mathfrak{R}_1$ oder in $\mathfrak{R}_2$ enthalten: nur die letzteren geben zu irreduziblen Räumen $\mathfrak{N} = \mathfrak{r} \mathfrak{M}$ Anlaß, während die ersteren immer $\mathfrak{r} \mathfrak{M} = 0$ ergeben.

Die Erzeugenden der minimalen Rechtsideale $\mathfrak{r}$ von $\mathfrak{R}$ haben nach § 20 die Gestalt $e_\alpha = \lambda_\alpha P_\alpha N_\alpha$, wo e_α ein Idempotent ist und wo $\alpha = (\alpha_1, \ldots, \alpha_h)$ ein Tableau T_α bezeichnet. Nun sieht man leicht ein, daß für $h > n$ der Operator N_α und daher auch e_α jeden Tensor t annulliert. *Man erhält daher ein zur Zerlegung von* $\mathfrak{M}$ *ausreichendes System von irreduziblen Teilräumen* $\mathfrak{N} = e_\alpha \mathfrak{M} = P_\alpha N_\alpha \mathfrak{M}$, *indem man sich auf diejenigen Tableaus* T_α *beschränkt, die höchstens n Zeilen enthalten.* Indem man zu den α_ν evtl. einige Nullen hinzufügt, kann man $h = n$ annehmen. Jeder Indexkombination $\alpha_1, \ldots, \alpha_n$, welche den Bedingungen (1) § 20 genügt, entspricht daher eine irreduzible Darstellung m-ter Stufe der Gruppe GL(K). Diese nennen wir $\mathfrak{J}$.

Den Charakter Φ_α von $\mathfrak{J}$, in diesem Fall auch *Charakteristik* genannt, haben I. Schur mit algebraischen und H. Weyl mit transzendenten Methoden bestimmt[96]). Sind $w_1, \ldots, w_n$ die charakteristischen Wurzeln der Matrix A und setzt man (wie in § 20) $\beta_\nu = \alpha_\nu + n - \nu$, so ist $\Phi_\alpha(A)$ ein Quotient von n-reihigen Determinanten[98]):

$$(5) \qquad \Phi_\alpha(A) = \left| w_j^{\beta_k} \right| : \left| w_j^k \right| \quad [98]).$$

Zwischen den Charakteren $\Phi_\alpha(A)$ von GL(K) und $\chi_\alpha(Q)$ von $\mathfrak{S}_n$ bestehen folgende Relationen:

$$(6) \qquad s_{\gamma_1} s_{\gamma_2} \cdots = \sum_\alpha \chi_\alpha(Q)\, \Phi_\alpha(A)$$

$$(7) \qquad \Phi_\alpha(A) = \frac{1}{m!} \sum_s{}' \chi_\alpha(Q^{-1})\, s_{\gamma_1} s_{\gamma_2} \cdots$$

Dabei ist die Permutation Q wieder ein Produkt von Zyklen der Längen $\gamma_1, \gamma_2, \ldots$, und s_γ bedeutet $S(A^\gamma) = w_1{}^\gamma + w_2{}^\gamma + \cdots + w_n{}^\gamma$. Man beweist (6), indem man die Spur der Transformation $Q \cdot T_m(A)$ im vollen Tensorraum $\mathfrak{M}$ auf zwei Weisen berechnet: einmal unter Zugrundelegung der Basis $u_\lambda v_\mu \ldots w_\nu$ (vgl. den Anfang dieses Paragraphen), sodann durch Zerlegung von $\mathfrak{M}$ in irreduzible Teilräume in bezug auf die beiden vertauschbaren Systeme $\mathfrak{Q}$ und $\mathfrak{S}$ nach dem Schema von § 11. (7) folgt aus (6) auf Grund der Orthogonalitätsrelationen der Charaktere. Man kann (7) nach I. Schur sowohl zum Beweis von (5) als auch zu einer neuen Herleitung der erzeugenden Funktion der Charaktere der symmetrischen Gruppe $\mathfrak{S}_m$ (vgl. § 20) benutzen.

Ähnliche Untersuchungen wie die hier dargestellten über die Darstellungen der Komplex- und Drehungsgruppe hat H. Weyl[99]) angestellt.

---

[98]) Einen gleichwertigen rationalen Ausdruck gab I. Schur: S.-B. preuß. Akad. Wiss. **1927** 71, Formeln (37 und (39).

[99]) H. Weyl: Nachr. Ges. Wiss. Göttingen **1926** 235—243 — Math. Z. **35** (1932) 300—320.

Abgeschlossen im Dezember 1934.